□中国高等职业技术教育研究会推荐

高职高专系列规划教材

电子线路 CAD 技术
实训教程

宋双杰　张玉莲　编著

西安电子科技大学出版社

内 容 简 介

本书主要讲解了 Protel 99 SE 原理图与 PCB 的绘制步骤，共包括三部分内容，即原理图设计、印刷电路板(PCB)设计和电路仿真。针对以上三部分内容，全书设计了 16 个实训项目，每个实训项目均收集了以电子线路、检测控制、单片机应用电路为主的不同类型电路图形，并附有详尽的操作步骤。实训内容由浅入深、由简单到复杂，可使读者逐步掌握利用 Protel 99 SE 软件绘制电路原理图、设计 PCB 的各种编辑方法。

本书既可作为高职高专院校电子、电气、自动化及机电一体化等专业在校学生学习及教师教学用书，也是考取"电子线路设计员"、"计算机电子线路辅助设计员"及"PCB 设计员"等职业资格证书的实用指导书，亦可作为相关技术人员的参考用书。

图书在版编目(CIP)数据

电子线路 CAD 技术实训教程 / 宋双杰，张玉莲主编.
—西安：西安电子科技大学出版社，2016.8(2018.8 重印)
高职高专系列规划教材
ISBN 978-7-5606-4175-1

Ⅰ. ① 电…　　Ⅱ. ① 宋…　② 张…　Ⅲ. ① 电子线路—计算机辅助设计—AutoCAD 软件—高等职业教育—教材　Ⅳ. ① TN702

中国版本图书馆 CIP 数据核字(2006)第 184975 号

策　　划　马乐惠　陈　婷
责任编辑　马乐惠　刘志玲
出版发行　西安电子科技大学出版社(西安市太白南路 2 号)
电　　话　(029)88242885　88201467　　　邮　　编　710071
网　　址　www.xduph.com　　　　　　　　电子邮箱　xdupfxb@163.com
经　　销　新华书店
印刷单位　陕西利达印务有限责任公司
版　　次　2016 年 8 月第 1 版　　　　2018 年 8 月第 2 次印刷
开　　本　787 毫米×1092 毫米　1/16　　印张 12.5
字　　数　291 千字
印　　数　3001～6000 册
定　　价　25.00 元

ISBN 978–7–5606–4175–1/TN

XDUP　4467001–2

前　言

本书是在《电子 CAD(Protel 99 SE)实训指导书》的基础上修订而成的，与宋双杰主编的《电子线路 CAD 技术》(西安电子科技大学出版社，2009 年出版)配套使用。为了更进一步体现理论教材与实训教材的相互配套关系，此次修订特将《电子 CAD(Protel 99 SE)实训指导书》更名改为《电子线路 CAD 技术实训教程》。

《电子 CAD(Protel 99 SE)实训指导书》从 2007 年出版至今，已经印刷了多次，深受广大读者的好评。但随着科技的发展，有些实训项目已经过时，知识点比较陈旧，相关知识点不能与现有电子行业发展状况紧密接轨，对学生学习现代科技不能起到引领的作用，特对此书进行了修订。

本次修订，紧紧围绕高职高专人才培养目标，体现工学结合的教学思想，体现"教、学、做"一体化的教学理念；本着学有所用、学有所长的编写思路，与教学内容、学生就业等密切结合，对实训内容进行了优化，紧跟教学改革的进程。

本次修订仍然以 Protel 99 SE 原理图设计、印刷电路板(PCB)设计和电路仿真为主线，针对这三部分内容设计了 16 个实训项目，每个实训项目均配有多种不同的练习，收集了不同的电路图形，并附有详尽的操作步骤。电路图以电子线路、监控测量、单片机应用电路为主线，实训内容由浅入深，由简单到复杂，知识点按照循序渐进的体系编写，符合高职高专学生的学习特点。各实训项目紧紧围绕科技的发展，保持了学术的前沿性，有很高的使用价值。读者在逐步掌握利用 Protel 99 SE 软件绘制电路原理图、设计 PCB 的过程中，认识各种电路的实际价值。

本书由西安航空职业技术学院宋双杰、张玉莲编写。宋双杰编写了实训一～实训十，张玉莲编写了实训十一～实训十六、附录。

本书在编写过程中，查阅了大量的有关资料，得到了很多同事、朋友的大力帮助，谨在此向资料作者和同仁们表示谢意。

本书既可作为高职高专院校电子、电气、自动化及机电一体化等专业在校学生学习及教师教学用书，也是考取"电子线路设计员"、"计算机电子线路辅助设计员"及"PCB 设计员"等职业资格证书的实用指导书，亦可作为相关技术人员的参考用书。

由于时间仓促，作者水平有限，书中难免有不妥之处，恳请读者提出宝贵意见。

编　者
2016 年 4 月

目　　录

原 理 图 设 计 篇

印刷电路板(PCB)设计篇

电路仿真篇

原理图设计篇

实训一　Protel 99 SE 使用基础

实训目的

认识、了解 Protel 99 SE 的基本性能、特点及简单操作。

实训设备

电子 CAD 软件 Protel 99 SE、PC 机。

练习一　创建文件夹并设计数据库文件

实训内容

在 F 盘下建立一个名为"班级姓名学号"的文件夹，并在文件夹中建立名为"处女作.ddb"的设计数据库文件。

操作步骤

(1) 启动 Protel 99 SE(双击桌面上的 Protel 99 SE 快捷图标　　　　，进入 Protel 99 SE 设计环境)。

(2) 在设计环境中，执行菜单命令"File\New"　　　　，系统将弹出新建设计数据库对话框，如图 1-1 所示。

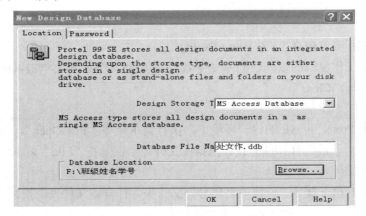

图 1-1　新建设计数据库对话框

(3) 在对话框中选择"MS Access Database"保存类型。

(4) 在"Database File Name"文本框中将"MyDesign"(在未输入名称前，系统给出的默认名为 MyDesign.ddb)改为"处女作"。

(5) 在"Database Location"(保存数据库文件的路径)栏的左下方，显示的是保存该设计数据库的默认路径。单击"Browse"按钮，在弹出的文件保存对话框中，单击"保存在"下拉列表框的按钮来选择保存路径为"本地磁盘 F"，并在 F 盘下建立一个名为"班级姓名学号"的新文件夹，打开新建的文件夹，单击"保存"按钮，一个设计数据库的建立就完成了，如图 1-2 所示。

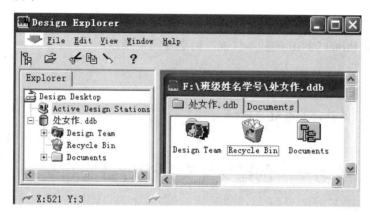

图 1-2　设计数据库

练习二　关闭与打开设计数据库文件

实训内容

关闭练习一中新建的设计数据库文件"处女作.ddb"后，再打开。

操作步骤

(1) 关闭。

方法一：执行菜单命令"File\Close Design"。

方法二：在工作窗口的设计数据库文件名标签(如处女作.ddb)上单击鼠标右键，在弹出的快捷菜单中选择"Close"。

(2) 打开。

方法一：在 Protel 99 SE 的设计环境下，执行菜单命令"File\Open"，或单击主工具栏中的 🗁 按钮。(对于最近打开过的设计数据库文件，也可以在"File"菜单项下面的文件名列表中直接选择文件名。)

方法二：在 F 盘下搜寻"班级姓名学号"文件夹，打开该文件夹，找到"处女作.ddb"，打开即可。

练习三　创建原理图文件及 PCB 文件

实训内容

在"处女作.ddb"设计数据库下，打开"Documents"文件夹，并在该文件夹下分别创建原理图(Schematic)和 PCB 文件，所有名称均采用系统默认名"Sheet1.Sch"、"PCB1.PCB"。

操作步骤

(1) 打开"Documents"文件夹：用鼠标左键双击"Documents"文件夹。

(2) 在工作窗口的空白处单击鼠标右键，在弹出的快捷菜单中选择"New"，或执行菜单命令"File\New"。

(3) 在"New Document"对话框中选取图标 Schematic Document，如图 1-3 所示。用鼠标左键双击 Schematic Document，以"Sheet1.Sch"为默认名的原理图文件就创建好了。

图 1-3　新建文档对话框

(4) 同理，在"New Document"对话框中选取 PCB Document 图标，用鼠标左键双击 PCB Document 图标，以"PCB1.PCB"为默认名的 PCB 文件就创建好了。

练习四　更名文件及文件夹

实训内容

将练习三中的"Documents"文件夹、原理图"Sheet1.Sch"文件和"PCB1.PCB"文件分别更名为"我的设计"、"WYY.Sch"和"Dianluban.PCB"。

操作步骤

(1) 关闭"Sheet1.Sch"、"PCB1.PCB"和"Documents"文件夹(在打开的"Sheet1.Sch"、"PCB1.PCB"和"Documents"文件夹上单击鼠标右键,在弹出的快捷菜单中选择"Close")。

(2) 将光标移到要更名的文件或文件夹图标上,单击鼠标右键,在弹出的快捷菜单中选择"Rename"命令。此时,图标下的文件名变成了编辑状态,再输入新的名称即可。

注意:文件的扩展名".Sch"、".PCB"不可删掉或更改。

练 习 五　保 存 文 件

实训内容

练习保存文件的三种操作,并比较它们之间的区别。

操作提示

方法一:执行菜单命令"File\Save",或单击工具栏中的 ⊞ 按钮,可保存当前打开的文件。

方法二:执行菜单命令"File\Save As"(另存为),其功能是将当前打开的文件更名保存为另一个新文件。系统弹出一个"Save As"对话框,如图1-4所示。在"Name"文本框中输入新的文件名,图中"Name"文本框中的名称为系统默认名;在"Format"下拉列表框中选择文件的格式,最后单击"OK"按钮完成保存操作。

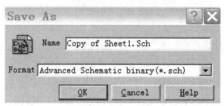

图1-4　另存文件对话框

方法三:执行菜单命令"File\Save All",将保存当前打开的所有文件。

练 习 六　导 出 文 件

实训内容

将练习四中建立的"我的设计"文件夹下的两个文件"WYY.Sch"和"Dianluban.PCB"导出到"C:\班级姓名学号"下。

操作步骤

方法一：

(1) 在 C 盘下新建一个名为"班级姓名学号"的文件夹。

(2) 将光标移到要导出的文件图标上，单击鼠标右键，在弹出的快捷菜单中选择"Export"。

(3) 在弹出的导出文件对话框中，设定导出文件的路径"C:\班级姓名学号"，最后单击"保存"按钮，完成导出操作，如图 1-5 所示。

方法二：选中导出的文件夹或文件图标，然后执行菜单命令"File\Export"。

方法三：在文件管理器"Explorer"下，将光标移到要导出的文件夹或文件上，单击鼠标右键，在弹出的快捷菜单中选择"Export"命令，即可完成导出操作。

图 1-5 导出文件对话框

练习七 导 入 文 件

实训内容

新建一个设计数据库，名为"第二个设计.ddb"，将导出的两个文件"WYY.Sch"和"Dianluban.PCB"导入到该设计数据库中的"Documents"文件夹下。

操作步骤

方法一：

(1) 双击桌面上的 Protel 99 SE 快捷图标 ，新建一个设计数据库，名为"第二个设计.ddb"。

(2) 打开"Documents"文件夹，然后在工作窗口的空白处单击鼠标右键。

(3) 在弹出的快捷菜单中选择"Import"。

(4) 在导入文件对话框中，找到"C:\ 班级姓名学号"，如图 1-6 所示。

(5) 找到"WYY.Sch"、"Dianluban.PCB"文件，单击"打开"按钮，完成导入文件的操作。

图 1-6　导入文件对话框

方法二：在设计数据库下，执行菜单命令"File\Import"，也可完成文件的导入操作。选择"Import Folder"命令，即可完成导入文件夹的操作。

练习八　复制及转移文件

实训内容

在设计数据库"处女作.ddb"下，新建一个名为"WJJ"的文件夹，然后将"我的设计"中的"WYY.Sch"文件复制到"WJJ"中，将"Dianluban.PCB"文件转移到"WJJ"文件夹中。

操作步骤

1. 复制操作

(1) 执行菜单命令"File\New"，在"New Document"对话框中选取 图标，如图 1-3 所示，新建一个文件夹，并命名为"WJJ"。

(2) 将光标移动到要复制的文件"WYY.Sch"图标上，单击鼠标右键，在弹出的快捷菜单中选择"Copy"命令，则该文件进入剪贴板中。

(3) 打开"WJJ"文件夹，将光标移到工作窗口的空白处，单击鼠标右键，弹出快捷菜单。

(4) 选择"Paste"命令，即可完成复制操作。

2. 转移操作

(1) 将光标移到"Dianluban.PCB"文件图标上，单击鼠标右键，在弹出的快捷菜单中选择"Cut"命令，则该文件进入剪贴板中。

(2) 打开目的文件夹"WJJ"，将光标移到工作窗口的空白处，单击鼠标右键，在弹出的快捷菜单中选择"Paste"命令，完成转移操作，并在工作窗口中显示出来。

练习九　删除及还原文件

实训内容

在设计数据库"处女作.ddb"下，将"我的设计"文件夹中的"Dianluban.PCB"文件删除后再还原，将"WYY.Sch"文件彻底删除。

操作步骤

(1) 将文档放入设计数据库回收站 Recycle Bin：

① 关闭"Dianluban.PCB"文件。

② 将光标移到"Dianluban.PCB"文件图标上，单击鼠标右键，在弹出的快捷菜单中选择"Delete"命令，系统将弹出"Confirm"(确认)对话框，如图 1-7 所示，单击"Yes"按钮，则将文档放入设计数据库回收站(Recycle Bin)。

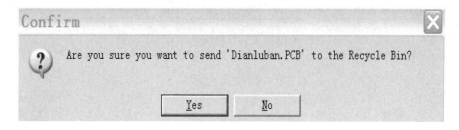

图 1-7　确认删除对话框

(2) 还原文档：

① 在工作窗口中打开回收站(Recycle Bin)。

② 在"Dianluban.PCB"文件图标上单击鼠标右键，在弹出的快捷菜单中选择"Restore"，或选中该文件，执行菜单命令"File\Restore"，则将该文件恢复到原路径下。

(3) 彻底删除文档：

方法一：

① 关闭"WYY.Sch"文件。

② 在工作窗口选中"WYY.Sch"文件(用鼠标左键单击文件名即可)。

③ 按"Shift + Delete"键，系统弹出"Confirm"(确认)对话框，如图 1-8 所示，询问是否确认删除该文件，选择"Yes"，即可彻底删除该文件。

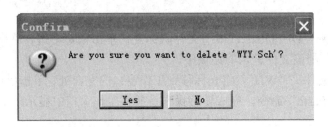

图 1-8　确认删除对话框

方法二：清空回收站。

① 在工作窗口中打开回收站"Recycle Bin"。

② 在空白处单击鼠标右键，选择"Empty Recycle Bin"，即可删除回收站中的所有内容。

实训二　原理图参数设置

实训目的

掌握原理图的图纸尺寸设置、栅格设置、光标设置、文字显示与修改等操作方法。

实训设备

电子 CAD 软件 Protel 99 SE、PC 机。

练习一　图纸尺寸、栅格设置

实训内容

新建一个原理图文件，设置图纸为 A4 竖放，标题栏为"ANSI"，栅格设置中"SnapOn"设置为"5"，"Visible"设置为"10"。

操作步骤

(1) 在原理图设计环境中，执行菜单命令"Design\Options"，或在绘图区域内单击鼠标右键，在弹出的快捷菜单中选择"Document Options"，弹出图纸样式设置对话框，如图 2-1 所示。

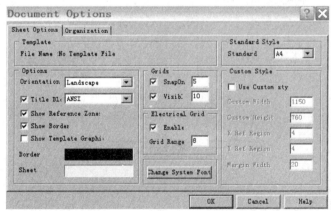

图 2-1　图纸样式设置对话框

(2) 在该对话框中选择"Sheet Options"页面，在页面右上角的"Standard Style"下拉框中选择"A4"。

(3) 在"Options"区域设置图纸方向、标题栏、图纸边框等。

(4) 在"Grids"区域设置图纸栅格。

Snap On：锁定栅格，设置值为"5"。

Visible：可视栅格，栅格的尺寸设置为"10"。

练习二 光标设置

实训内容

把光标设置成"45°小十字"，可视栅格设置为点状，并将光标移动到图纸边沿时的移动速度设置为"Auto Pan ReCenter"。

操作步骤

(1) 在原理图设计环境中，执行菜单命令"Tools\Preferences"，在弹出的窗口中选择"Graphical Editing"页面，然后在该页面"Cursor/Grid Options"区域的"Cursor"下拉列表框中选择"Small Cursor 45"，在"Visible"下拉列表框中选择"Dot Grid"，如图 2-2 所示。

(2) 设置光标移动：在"Graphical Editing"页面"Autopan Options"区域的"Style"下拉列表框中选择"Auto Pan ReCenter"，如图 2-2 所示。

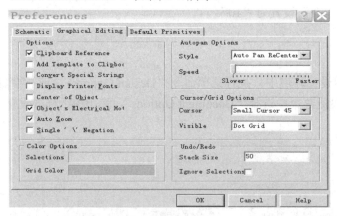

图 2-2 光标、栅格设置对话框

练习三 系统文字设置

实训内容

将 Protel 99 SE 窗口对话框中的文字改为"常规、10 号的 Arial Narrow 字体"。

操作步骤

(1) 在 Protel 99 SE 设计环境中用鼠标单击左上角的箭头 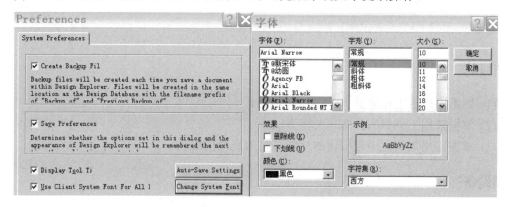，在弹出的菜单中选择 "Preferences"，弹出如图 2-3 所示的 "Preferences" 对话框。

(2) 选中 "Use Client System Font For All Dialogs" 复选框。

(3) 单击 "Change System Font" 按钮。

(4) 在字体对话框中将字体更换成 "常规、10 号的 Arial Narrow 字体"。

(5) 单击 "确定" 按钮，关闭此对话框，即可完成系统文字更改操作。

图 2-3　系统字体设置对话框

实训三　原理图绘制入门——工作界面的认识与各种工具的使用

实训目的

(1) 熟悉原理图工作界面。

(2) 掌握常用工具栏的打开与关闭方法。

(3) 掌握常用工具栏中各按钮的功能与对象属性的编辑。

实训设备

电子 CAD 软件 Protel 99 SE、PC 机。

练习一　关闭和显示常用工具按钮

实训内容

关闭和显示连线工具按钮、画图工具按钮和电源地线工具按钮。

操作步骤

方法一：分别执行菜单命令 "View\Toolbars\Wiring Tools"、"View\Toolbars\Drawing Tools"、"View\Toolbars\Power Objects"。

方法二：分别单击主工具栏中的 ▨、▨ 按钮。

练习二　编辑对象属性

实训内容

选取电源和地线工具，并更改它们的形状和标记，如图 3-1 所示。

图 3-1　电源形状和标记

操作步骤

1. 放置电源\接地符号

方法一：执行菜单命令"View\Toolbars\Wiring Tools"，打开"WiringTools"工具栏。

(1) 单击"WiringTools"工具栏中的 ⏚ 图标，如图 3-2 所示。

(2) 此时光标变成十字形，电源\接地符号处于浮动状态，与光标一起移动。

(3) 可按空格键旋转、按 X 键水平翻转或按 Y 键垂直翻转电源/接地的方向。

(4) 单击鼠标左键，放置电源\接地符号。

(5) 系统仍为放置状态，可继续放置，也可单击鼠标右键退出放置状态。

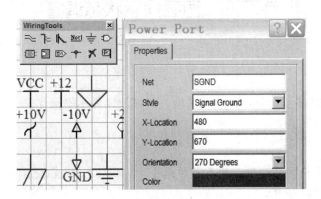

图 3-2　电源属性设置对话框

方法二：执行菜单命令"View\Toolbars\Power Objects"，打开电源工具栏，单击"Power Objects"工具栏中的电源符号，以下操作同上。

方法三：执行菜单命令"Place\Power Port"，以下操作同上。

2. 修改电源\接地符号

如果电源\接地符号不符合要求，可双击电源/接地符号，弹出"Power Port"属性设置对话框，如图 3-2 所示，在该对话框中进行修改。或在电源\接地符号处于浮动状态时，单击键盘上的"Tab"键，在弹出的"Power Port"属性设置对话框中进行修改。

练习三　栅格的使用

实训内容

关闭或选中电气捕捉栅格，并观察电气栅格在连线时所具有的功能。

操作步骤

(1) 使用菜单命令"View\Electrical Grid",关闭或选中电气捕捉栅格。

(2) 单击"WiringTools"工具栏中的 ≋ 图标,光标变成十字形,试着在去掉电气栅格和选中电气栅格两种情况下,在图中的连接点之间连线,以观察电气栅格的作用(注意去掉电气捕捉栅格),如图 3-3 所示。图中的黑点表示选中电气捕捉栅格。

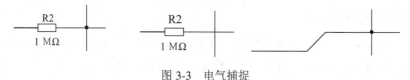

图 3-3　电气捕捉

(3) 在"Design\Options"菜单中也可以选中或去掉电气捕捉栅格,如图 2-1 所示,在"Electrical Grid"区域中由"Enable"选项决定。

练习四　画面显示状态调整

实训内容

将画面进行整体显示、只显示元件区域、局域放大显示等操作。

操作步骤

(1) 显示整个电路图及边框:执行菜单命令"View\Fit Document",或单击主工具栏上的 🔍 图标,如图 3-4 所示。

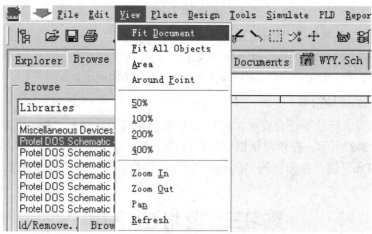

图 3-4　画面设置对话框

(2) 显示整个电路图,不包括边框:执行菜单命令"View\Fit All Objects"。

(3) 放大指定区域:执行菜单命令"View\Area"。

(4) 将电路按 50%大小显示:执行菜单命令"View\50%"。

(5) 将电路按 100%大小显示：执行菜单命令"View\100%"。

(6) 将电路按 200%大小显示：执行菜单命令"View\200%"。

(7) 将电路按 400%大小显示：执行菜单命令"View\400%"。

(8) 放大画面：执行菜单命令"View\Zoom In"或单击 🔍 图标，或按"Page Up"键。

(9) 缩小画面：执行菜单命令"View\Zoom Out"或单击 🔍 图标，或按"Page Down"键。

(10) 以光标为中心显示画面：执行菜单命令"View\Pan"。

注意：只能用快捷键执行此命令。先按"V"键，再按"P"键，此时光标变成十字形，在要确定区域的中心单击鼠标左键并拖动光标，此时屏幕上形成一个虚线框，在此虚线框的任意一个角单击一下左键，则选定区域出现在编辑窗口的中心。

(11) 刷新屏幕：执行菜单命令"View\Refresh"或按"End"键。

注意："Page Up"、"Page Down"、"End"键在任何时候都有效。

实训四　原理图元件库的加载与简单原理图的绘制

实训目的

(1) 掌握原理图元件库的加载、删除方法。

(2) 学会元件的放置方法与元件属性的编辑方法。

(3) 掌握简单原理图的绘制步骤。

实训设备

电子 CAD 软件 Protel 99 SE、PC 机。

练习一　元件库的加载

实训内容

将基本元件库"Miscellaneous Devices.ddb"、仿真元件库"Sim.ddb"添加到元件库管理器中。

操作步骤

方法一：在原理图设计环境中的设计管理器中选择"Browse Sch"页面，在"Browse"区域的下拉框中选择"Libraries"，然后单击"Add\Remove"按钮，在弹出的窗口中寻找"Protel 99 SE"子目录，在该子目录中选择"Library\Sch"路径，在元件库列表中选择"Miscellaneous Devices.ddb"后单击"Add"按钮或双击选中的元件库，如图 4-1 所示。同理添加"Sim.ddb"库。

方法二：执行菜单命令"Design\Add\Remove Library"，以下操作同上。

方法三：单击主菜单中的 🔟 图标，以下操作同上。

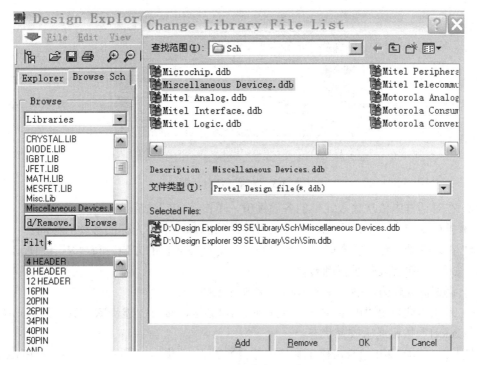

图 4-1　加载元件库对话框

练习二　元件的放置

实训内容

用五种方法练习在原理图中放置阻值为 4.7 kΩ 的电阻(RES2)、容量为 22 μF 的电容(CAP)、型号为 1N4001 的二极管(DIODE)、型号为 2N930 的三极管(NPN)、单刀双掷开关(SW SPDT)和 4 脚连接器(CON4)，并注意修改属性，如图 4-2 所示。所有元件都在 "Miscellaneous Devices.Lib" 元件库中。

R1	C1	D1	Q1	S1	J1
4.7 kΩ	22 μF	1N4001	2N930	SW SPDT	CON4

图 4-2　元件符号

操作步骤

方法一：

(1) 按两下 "P" 键(在英文输入状态下)，系统弹出 "Place Part" (放置元件)对话框，如图 4-3 所示。

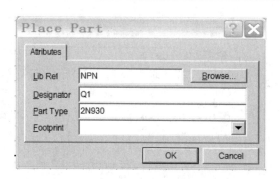

图 4-3　放置元件对话框

(2) 在对话框中依次输入元件的各属性值，单击"OK"按钮。

(3) 光标变成十字形，且元件符号处于浮动状态，随十字光标的移动而移动。

(4) 在元件处于浮动状态时，可按"空格"键旋转元件的方向，按"X"键使元件水平翻转，按"Y"键使元件垂直翻转。

(5) 调整好元件方向后，单击鼠标左键放置元件。

(6) 系统继续弹出"Place Part"(放置元件)对话框，重复上述步骤，放置其它元件，或单击"Cancel"按钮退出放置状态。

方法二：单击"WiringTools"工具栏中的 图标，如图 4-4 所示。系统弹出"Place Part"(放置元件)对话框，如图 4-3 所示，以下操作同上。

图 4-4　连线工具

方法三：执行菜单命令"Place\Part"，系统弹出"Place Part"(放置元件)对话框，如图 4-3 所示，以下操作同上。

方法四：(以放置 CAP 为例)。

(1) 在原理图管理器中，选中"Browse Sch"，并在"Browse"区域的下拉框中选择"Libraries"，在元件库选择区域中选择相应的元件库名"Miscellaneous Devices.Lib"。

(2) 在元件浏览区中选择元件名"CAP"，如图 4-5 所示。

(3) 单击"Place"按钮，则该元件符号附着在十字光标上，并处于浮动状态。

(4) 此时可移动，也可按空格键旋转、按"X"键或"Y"键翻转，调整元件方向。

(5) 移动到适当位置后，单击鼠标左键放置元件。

(6) 单击鼠标右键退出放置元件状态。

方法五：如果不知道元件名，可在"Place Part"对话框中单击"Browse"按钮，如图 4-3 所示。出现的"Browse Libraries"(浏览元件库)对话框，如图 4-6 所示。在"Libraries"下拉列表框中选择相应的元件库名(如果列表框中没有所需的元件库，可单击"Add/Remove"按钮加载元件库)，在"Components"区域的元件列表中选择元件名，则在旁边的显示框中显示该元件的图形，找到所需的元件后，单击"Close"按钮，元件的属性设置完毕后，返回"Place Part"对话框继续下面的操作。

图 4-5 在元件库中选取元件

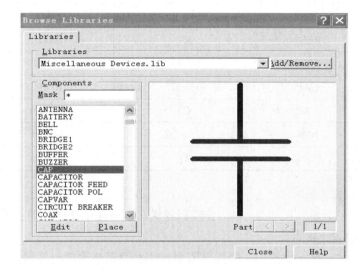

图 4-6 浏览元件库对话框

练习三 两级放大器电路原理图的绘制

实训内容

绘制如图 4-7 所示的两级放大器电路原理图，图中电路元件的说明如表 4-1 所示，所有元件都取自"Miscellaneous Devices.Lib"库。

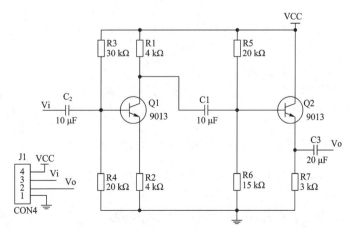

图 4-7 两级放大器电路原理图

表 4-1　电路元件明细表

Lib Ref	Designator	Part Type	Footprint
RES2	R1、R2	4 kΩ	AXIAL0.3
RES2	R3	30 kΩ	AXIAL0.3
RES2	R4、R5	20 kΩ	AXIAL0.3
RES2	R7	3 kΩ	AXIAL0.3
RES2	R6	15 kΩ	AXIAL0.3
CAP	C1、C2	10 μF	RAD0.2
CAP	C3	20 μF	RAD0.2
NPN	Q1、Q2	9013	TO-92B
CON4	J1	CON4	SIP4

设计要求：

(1) 图纸尺寸为 A4，去掉标题栏，选中显示栅格、捕捉栅格和电气捕捉栅格，能够自动放置连接点。

(2) 画完电路后，要按照图中元件参数逐个设置元件属性。

操作提示

(1) 执行菜单命令"Design\Options"，设置图纸尺寸，标题栏，显示栅格、捕捉栅格和电气捕捉栅格，如图 2-1 所示。

(2) 加载"Miscellaneous Devices.Lib"元件库，按练习二放置元件的方法放置元件。

(3) 连接导线：执行菜单命令"Tools\Preferences"，在弹出的窗口中选择"Schematic"页面，在该页面的"Options"区域选中"Auto-Junction"选项，则在连接导线时，系统将在"T"型连接处自动产生节点，如图 4-8 所示。

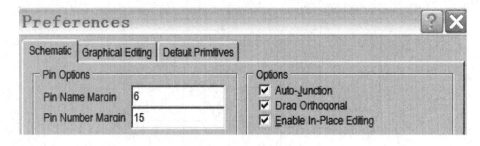

图 4-8　节点设置对话框

(4) 放置节点：单击 ✝ 图标或执行菜单命令"Place\Junction"，在十字连接处放置节点。

(5) 放置输入、输出及电源端口：单击"WiringTools"工具栏中的 ⊧ 图标，在光标处于浮动状态时按"Tab"键，改变电源的属性，如图 3-2 所示。

练习四　雨声模拟电路的绘制

实训内容

绘制如图 4-9 所示的雨声模拟电路原理图，图中电路元件说明如表 4-2 所示，所有元件都取自 "Miscellaneous Devices.Lib" 库。

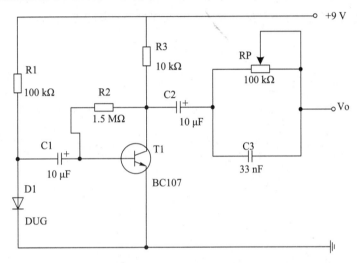

图 4-9　雨声模拟电路原理图

表 4-2　电路元件明细表

Lib Ref	Designator	Part Type	Footprint
RES2	R1	100 kΩ	AXIAL0.3
RES2	R2	1.5 MΩ	AXIAL0.3
RES2	R3	10 kΩ	AXIAL0.3
ELECTRO2	C1、C2	10 μF	RB.2/.4
CAP	C3	33 nF	RAD0.2
NPN	T1	BC107	TO-92A
DIODE	D1	DUG	DIODE0.4
POT2	RP	100 K	VR5

设计要求：

(1) 图纸尺寸为 A4，横向放置图纸，标准标题栏，图纸边界设置成红颜色。选中显示栅格设置为 "10"、捕捉栅格设置为 "5"，电气捕捉栅格选默认值，能够自动放置连接点。

(2) 画完电路后，要按照图中元件参数逐个设置元件属性。

操作步骤

(1) 执行菜单命令"Design\Options"，设置图纸尺寸，标题栏，显示栅格、捕捉栅格和电气捕捉栅格，如图 2-1 所示。

(2) 加载"Miscellaneous Devices.Lib"元件库，按练习二放置元件的方法放置元件。

(3) 连接导线：单击"Wiring Tools"工具栏中的 ≈ 图标。连线时一定要等鼠标被电气栅格捕捉到时，再单击鼠标左键放线。当元件被电气栅格捕捉到时，会出现一个黑点，如图 3-3 所示。

(4) 放置电源(+9 V)、地线和输出端口(Vo)：单击"WiringTools"工具栏中的 ⏚ 图标。在光标处于浮动状态时按"Tab"键，改变电源的属性，如图 3-2 所示。

实训五　总线原理图绘制

实训目的

(1) 掌握网络标号的放置方法与含义。

(2) 学会总线原理图的绘制方法。

实训设备

电子 CAD 软件 Protel 99 SE、PC 机。

练习一　网络标号的放置及属性设置(一)

实训内容

放置网络标号，并更改字型和字号。连续放置 D1～D10 十个网络标号，并更改其字型和字号为"楷体_GB2312、常规、小三号"，如图 5-1 所示。

D1　D2　D3　D4　D5　D6　D7　D8　D9　D10

图 5-1　网络标号

操作步骤

(1) 单击"WiringTools"工具栏中的 [Net] 图标，或执行菜单命令"Place\Net Label"，光标变成十字形且网络标号表示为一虚线框随光标移动。

(2) 按下键盘上的"Tab"键，在标记属性中输入"D1"，使用"Change"按钮更改字型和字号为"楷体_GB2312、常规、小三号"，如图 5-2 所示。然后用鼠标按顺序放置网络标号。

图 5-2　网络标号属性编辑窗口

练习二　简单总线原理图的绘制(一)

实训内容

从"TI Databook\TI TTL Logic 1988(Commercial).Lib"元件库中取出"SN74LS273"和"SN74LS374",按照图 5-3 所示电路,放置总线和网络标号。

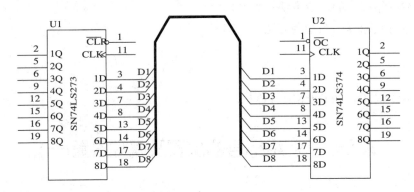

图 5-3　总线原理图

操作提示

(1) 加载元件库,放置元件,按"空格"键、"X"键或"Y"键改变元件的方向。

(2) 绘制总线:

方法一:单击"WiringTools"工具栏中的 图标,如图 4-4 所示。

方法二:执行菜单命令"Place\Bus"。总线的绘制方法同导线的绘制方法一致。

(3) 绘制总线分支线:

方法一:单击"WiringTools"工具栏中的 图标,如图 4-4 所示,光标变成十字形,此时可按"空格"键、"X"键或"Y"键改变方向。

方法二:执行菜单命令"Place\Bus Entry",以下操作同上。

(4) 放置网络标号:

① 单击"WiringTools"工具栏中的 图标,或执行菜单命令"Place\Net Label"。

② 按"Tab"键,系统弹出"Net Label"(网络标号)属性设置对话框,如图 5-2 所示,设置网络标号的属性。

注意:

① 网络标号不能直接放在元件的引脚上,一定要放置在引脚的延长线上。如图 5-4 所示,当导线上出现黑点时再放下。

② 网络标号是有电气意义的,千万不能用任何字符串代替。

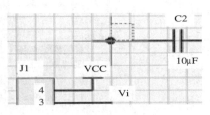

图 5-4　网络标号放置

练习三　网络标号的放置及属性设置(二)

实训内容

连续放置 N01～N08 八个网络标号，并更改其字型和字号为"Times New Roman、斜体、16 号"，如图 5-5 所示。

N01 N02 N03 N04 N05 N06 N07 N08

图 5-5　网络标号

操作步骤

(1) 单击"WiringTools"工具栏中的 ▣ 图标，或执行菜单命令"Place\Net Label"，光标变成十字形，且网络标号为一虚线框随光标移动。

(2) 按下键盘上的"Tab"键，在标记属性中输入"N01"，使用"Change"按钮更改字型和字号，更改为"Times New Roman、斜体、16 号"，如图 5-2 所示。然后用鼠标按顺序放置网络标号。

练习四　简单总线原理图的绘制(二)

实训内容

按照图 5-6 所示电路，绘制带有总线的电路原理图，并练习放置总线接口、总线和网络标号。图中电路元件说明如表 5-1 所示。

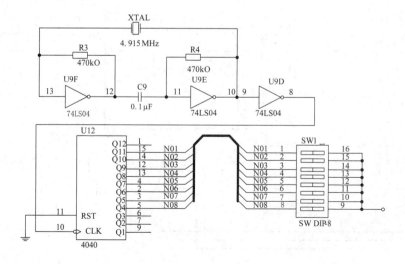

图 5-6　总线原理图

表 5-1　电路元件明细表

Lib Ref	Designator	Part Type	Footprint
Cap	C9	0.1 μF	RAD0.2
Crystal	XTAL	4.915 MHz	AXIAL1
74LS04	U9	74LS04	DIP14
RES2	R3	470 kΩ	AXIAL0.4
RES2	R4	470 kΩ	AXIAL0.4
4040	U12	4040	DIP16
SW DIP-8	SW1	SW DIP-8	DIP16

U9 在"Protel DOS Schematic Libraries.ddb"的"Protel DOS Schematic TTL.Lib"中；
U12 在"Protel DOS Schematic Libraries.ddb"的"Protel DOS Schematic 4000CMOS.Lib"中；
其余元件在"Miscellaneous Devices.ddb"中。

操作提示

同练习二操作提示。

练习五　简单总线原理图的绘制(三)

实训内容

按照图 5-7 所示 MCS-51 和 EEPROM 连接电路，绘制带有总线的电路原理图，并练习放置总线接口、总线和网络标号。图中电路元件说明如表 5-2 所示。

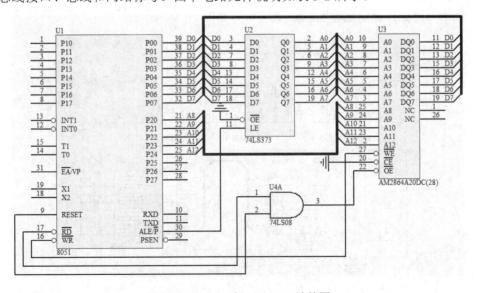

图 5-7　MCS-51 和 EEPROM 连接图

表 5-2　电路元件明细表

Lib Ref	Designator	Part Type	Footprint
8051	U1	8051	DIP40
74LS373	U2	74LS373	DIP20
AM2864A20DC(28)	U3	AM2864A20DC(28)	DIP28
74LS08	U4	74LS08	DIP14
U1～U3 在"Protel DOS Schematic Libraries.ddb"中； U4 在"AMD Memory ddb"中。			

操作提示

同练习二操作提示。

练习六　复杂总线原理图的绘制（一）

实训内容

绘制如图 5-8 所示带有总线的电路原理图，练习放置总线接口、总线、端口和网络标号，并进行电气规则检查。图 5-8 中的电路元件说明如表 5-3 所示。

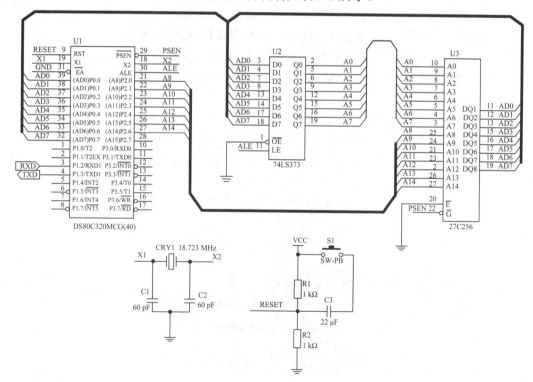

图 5-8　带有总线的电路原理图

操作提示

(1)～(3)同练习二操作提示(1)～(3)。

(4) 连接导线：连线时一定要等鼠标被电气栅格捕捉到时，再单击鼠标左键放线。当元件被电气栅格捕捉到时，会出现一个黑点。

表 5-3　电路元件明细表

Lib Ref	Designator	Part Type	Footprint
RES2	R2	1 kΩ	AXIAL0.4
CRYSTAL	CRY1	18.723 MHz	XTAL1
CAPACITOR	C3	22 μF	RAD0.3
27C256	U3	27C256	DIP28
CAP	C1、C2	60 pF	RAD0.2
74LS373	U2	74LS373	DIP20
RES2	R1	1 kΩ	AXIAL0.4
DS80C320MCG(40)	U1	DS80C320MCG(40)	DIP40
SW-PB	S1	SW-PB	SIP2

元件库：U1 在"Dallas Microprocessor.ddb"的"Dallas Microprocessor.Lib"中；
U2 在"Protel DOS Schematic Libraries.ddb"的"Protel DOS Schematic TTL.Lib"中；
U3 在"Intel Databooks.ddb"的"Intel Memory.Lib"中；
其余元件在"Miscellaneous Devices.ddb"。

(5) 放置网络标号：X1、X2、RESET、PSEN、ALE、GND、AD0、…、A1、…。

① 单击"WiringTools"工具栏中的 [Net] 图标，或执行菜单命令"Place\Net Label"。

② 按"Tab"键，系统弹出"Net Label"(网络标号)属性设置对话框，如图 5-2 所示，设置网络标号的属性。

(6) 放置电源、地线：单击"WiringTools"工具栏中的 图标。

(7) 放置端口：单击"WiringTools"工具栏中的 [▣▷] 图标，或执行菜单命令"Place\Port"。在放置过程中按下"Tab"键，设置 Port(端口)属性，或双击已放置好的端口，在弹出的"Port"(端口)属性设置对话框中进行设置，如图 5-9 所示。

图 5-9　端口属性设置对话框

(8) 进行电气规则检查：执行菜单命令"Tools\ERC"，系统弹出"Setup Electrical Rule Check"(ERC)设置对话框，如图 5-10 所示，设置完毕后单击"OK"按钮，进行 ERC 检查。

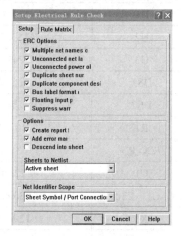

图 5-10　电气规则检查设置对话框

练习七　复杂总线原理图的绘制（二）

实训内容

绘制如图 5-11 所示数字电压表电路原理图，练习放置总线接口、总线、端口和网络标号，并进行电气规则检查。图 5-11 中的电路元件说明如表 5-4 所示。

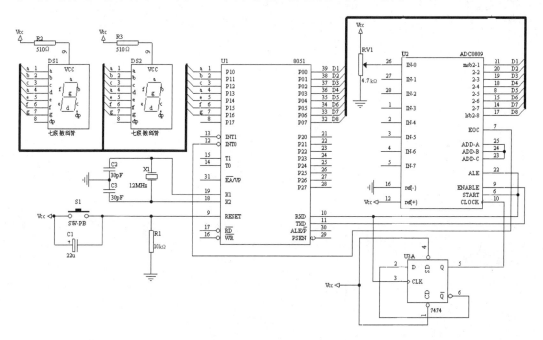

图 5-11　数字电压表电路原理图

表 5-4　　电路元件明细表

Lib Ref	Designator	Part Type	Footprint
8051	U1	8051	DIP40
ADC0808	U2	ADC0808	DIP28
74LS74	U3	7474	DIP14
AMBERCA	DS1	七段数码管	DIP10
AMBERCA	DS2	七段数码管	DIP10
RES2	R1	10 kΩ	AXIAL0.4
RES2	R2、R3	510 Ω	AXIAL0.4
ELECTRO1	C1	22 μF	RB.2/.4
CAP	C1、C3	30 pF	RAD0.2
XTAL	X1	12 MHz	XTAL1
POT2	RV1	4.7 KΩ	VR5
SW-PB	S1	SW-PB	DIP2

U1、U2、U3 在 "Protel DOS Schematic Libraries.ddb" 中；
DS1、DS2、XTAL 在 "Sim.ddb" 中；
其余元件在 "Miscellaneous Devices.ddb" 中。

操作提示

同练习二操作提示。

实训六　原理图对象属性的编辑与修改

实训目的

(1) 掌握原理图中对象属性的编辑与修改方法。
(2) 学会对象的删除与复制方法。
(3) 掌握导线的绘制模式。

实训设备

电子 CAD 软件 Protel 99 SE、PC 机。

练习一　元件的删除与复制

实训内容

在原理图中放置如图 6-1 所示的元件，然后对这些元件进行删除与复制操作。将复制粘贴的元件放到新建的原理图中，新建原理图命名为"复制.Sch"。操作步骤如下：

(1) 选择"4.7 kΩ"电阻，复制并粘贴该电阻，然后取消选择。
(2) 删除二极管，然后用恢复按钮将二极管恢复。
(3) 删除三极管。
(4) 删除电容，然后粘贴该电容。
(5) 用鼠标选择几个元件，然后删除这些被选择的元件。
(6) 将该电路图存盘。

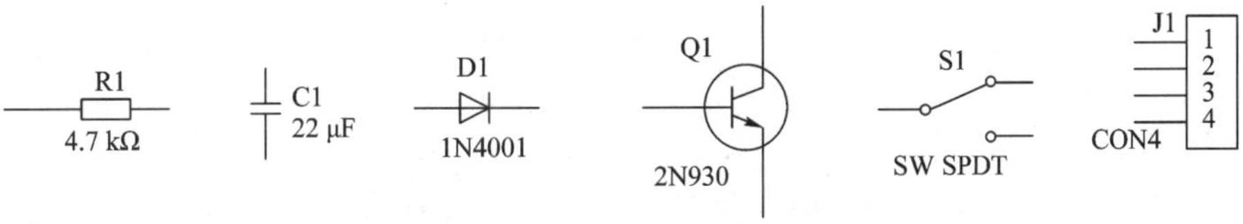

图 6-1　元件类型

操作提示

(1) 复制：首先选择"4.7 kΩ"电阻，然后执行菜单命令"Edit\Copy"，当光标变成十字形时，单击电阻。

粘贴：执行菜单命令"Edit\Paste"，将电阻粘贴在新建的"复制.Sch"原理图中。

取消选择：使用按钮 ✂️，取消选择。

(2) 删除：执行菜单命令"Edit\Delete"，用变成十字光标的鼠标单击要删除的二极管。

恢复：执行菜单命令"Edit\Undo"。

(3) 使用菜单命令"Edit\Delete"，用变成十字光标的鼠标单击要删除的三极管。

(4) 选择电容，执行菜单命令"Edit\Cut"，用变成十字的光标单击电容，然后使用菜单命令"Edit\Paste"将电容粘贴到"复制.Sch"原理图中。

(5) 用鼠标选择要删除的元件，然后执行"Edit\Clear"菜单命令。

(6) 存盘：单击工具条上标有磁盘的按钮。

练习二　元件属性的编辑

实训内容

在原理图中任意放置几个元件，将所有元件标号的字体均改为"Times New Roman、14号、粗斜体"，如图 6-2 所示。

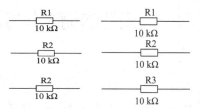

图 6-2　元件标号

操作提示

(1) 在"Part"(元件)属性设置对话框(如图 6-3 所示)中进行元件的属性编辑，调出元件属性设置对话框的方法有四种。

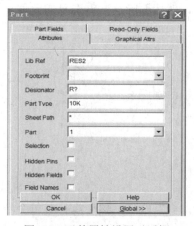

图 6-3　元件属性设置对话框

方法一：在放置元件过程中元件处于浮动状态时，按"Tab"键。

方法二：双击已放置好的元件。

方法三：在元件标号上单击鼠标右键，在弹出的快捷菜单中选择"Properties"。

方法四：执行菜单命令"Edit\Change"，用十字光标单击对象。

其他对象的属性对话框均可采用这四种方法调出。

(2) 双击某元件标号如"R1"，在系统弹出的"Part Designator"(元件标号)属性设置对话框中修改属性，如图6-4所示。

(3) 在对象属性设置对话框的下方，单击"Global"按钮，可以进行全局修改。

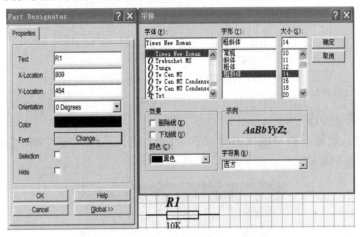

图6-4 元件标号属性设置对话框

练习三 导线的绘制与属性的编辑

实训内容

导线的绘制与导线属性的编辑，电路节点的放置。

(1) 在电路图中分别放置六种导线模式，分别为：45°转角模式，转角处圆弧模式，转角处小圆弧模式，90°转角模式，任意角度模式，起点圆弧模式，如图6-5所示，并将其中的任意三种导线修改成不同粗细及不同颜色。

图6-5 导线模式

(2) 选中电气连接点，观察画"丁"字连线时的区别，如图6-6所示。

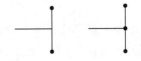

图6-6 电气连接点对比

操作提示

(1) 绘制导线：单击"WiringTools"工具栏中的 图标，或执行菜单命令"Place\Wire"。

(2) 改变导线的走线模式(即拐弯样式)：在光标处于画线状态时，在英文输入状态下，按下"Shift + 空格键"可自动转换导线的拐弯样式，如图 6-7(a)所示。

(3) 改变已画导线的长短：单击已画好的导线，导线两端出现两个小黑点(即控制点)，拖动控制点可改变导线的长短，如图 6-7(b)所示。

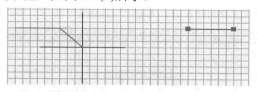

(a) 导线的拐弯样式　　　　(b) 改变导线长短

图 6-7　绘制导线

(4) 导线的属性修改：

方法一：当系统处于画导线状态时按下"Tab"键，系统弹出"Wire"(导线)属性设置对话框，如图 6-8 所示。

图 6-8　导线属性设置对话框

方法二：双击已经画好的导线，也可弹出"Wire"(导线)属性设置对话框。

(5) 执行菜单命令"Tools\Preferences"，在弹出的窗口中选择"Schematic"页面，在该页面的"Options"区域选中关闭"Auto-Junction"选项，如图 4-8 所示，观察绘制"丁"字连线时的区别。

练习四　导线、总线分支、网络标号的阵列式粘贴

实训内容

(1) 在原理图编辑器中放置长 30 的一根导线，并在导线一端连接一根总线分支，在导线上放置一个网络标号"N01"，对导线、总线分支、网络标号等对象进行竖直阵列式粘贴。

(2) 设置粘贴对象的个数分别为"5 个和 8 个"；对象序号的递增步长分别为"1 和 2"；

垂直间距分别为"-20 和 -10";观察粘贴结果。

操作提示

(1) 放置一个总线分支并连接导线。在导线上放置网络标号"N01",用鼠标拉框选中导线、总线分支及网络标号,如图 6-9(a)所示。

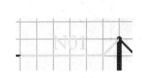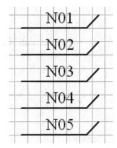

(a) 复制 N01、导线及总线分支　　　(b) 阵列式粘贴的结果

图 6-9　阵列式粘贴操作过程

(2) 执行菜单命令"Edit\Copy",将光标移到选中的对象的左下角,并单击鼠标左键,确定参考点。

(3) 单击"Drawing Tools"工具栏的 ⬚⬚⬚ 按钮,或执行菜单命令"Edit→Paste Array",系统弹出"Setup Paste Array"设置对话框,如图 6-10 所示。

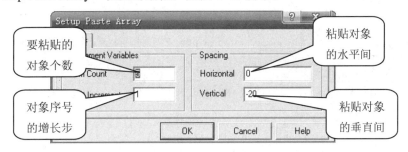

图 6-10　Setup Paste Array 设置对话框

在对话框中设置:

Item Count:设置要粘贴的对象个数为"5"。

Text Increment:设置对象序号的增长步长为"1",即网络标号依次为 N01、N02、N03 等。

Horizontal:设置粘贴对象的水平间距为"0"。

Vertical:设置粘贴对象的垂直间距为"-20"。

设置好对话框的参数后,单击:"OK"按钮。

此时光标变成十字形,在适当位置单击鼠标左键,则完成粘贴。撤销选择,结果如图 6-9(b)所示。

(4) Item Count 图 6-10 中:设置要粘贴的对象个数为"8"。

Text Increment:设置对象序号的增长步长为"2",即网络标号依次为 N01、N03、N05 等。

Horizontal：设置粘贴对象的水平间距为"0"。

Vertical：设置粘贴对象的垂直间距为"-10"。

设置好对话框的参数后，单击"OK"按钮，结果如图 6-11 所示。

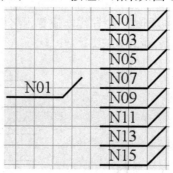

图 6-11　阵列式粘贴

实训七　复杂原理图绘制

实训目的

(1) 掌握原理图元件库的加载、删除方法。

(2) 学会元件的放置方法与元件属性的编辑方法。

(3) 掌握较复杂原理图的绘制步骤，并学会电气规则检查；理解电气规则检查错误报告的含义，并修改其相应的错误。

实训设备

电子 CAD 软件 Protel 99 SE、PC 机。

练习一　功率放大电路原理图的绘制

实训内容

绘制如图 7-1 所示的功率放大电路原理图，并进行电气规则检查。图中电路元件说明如表 7-1 所示，所有元件都取自 "Miscellaneous Devices.Lib" 库。

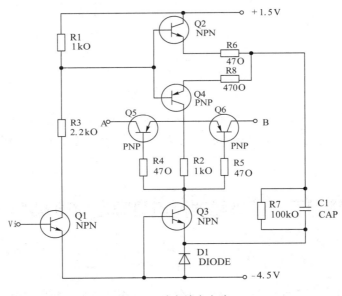

图 7-1　功率放大电路

表 7-1　电路元件明细表

Lib Ref	Designator	Part Type	Footprint
RES2	R1、R2	1 kΩ	AXIAL0.4
RES2	R3	2.2 kΩ	AXIAL0.4
RES2	R4、R5、R6	47 Ω	AXIAL0.4
RES2	R7	100 kΩ	AXIAL0.4
RES2	R8	470 Ω	AXIAL0.4
CAP	C1	CAP	RAD0.2
DIODE	D1	DIODE	DIODE0.4
NPN	Q1、Q2、Q3	NPN	TO-5
PNP	Q4、Q5、Q6	PNP	TO-5
所有元件均在"Miscellaneous Devices.ddb"元件库中			

操作步骤

(1) 单击主菜单中的 🔲 图标，加载元件库，放置元件。

(2) 连接导线：单击"WiringTools"工具栏中的 ≈ 图标。连线时一定要等鼠标被电气栅格捕捉到时，再单击鼠标左键放线。当元件被电气栅格捕捉到时，会出现一个黑点(参见实训三中的图 3-3)。

(3) 放置电源、地线和网络标号(A、B、Vi、Vo)：单击"WiringTools"工具栏中的 ⊥、Net 图标。放置网络标号时，一定要等网络标号左下角的黑点出现在连线上，再单击鼠标左键将网络标号放下，如图 7-2 所示。

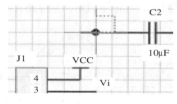

图 7-2　网络标号放置

(4) 进行电气规则检查：执行菜单命令"Tools\ERC"，系统弹出"Setup Electrical Rule Check"(ERC)设置对话框(参见实训五中的图 5-9)，设置完毕后单击"OK"按钮，进行 ERC 检查。

练习二　红外线遥控电风扇发射电路的绘制

实训内容

绘制如图 7-3 所示的红外线遥控电风扇发射电路原理图，并进行电气规则检查。图 7-3

中电路元件说明如表 7-2 所示。

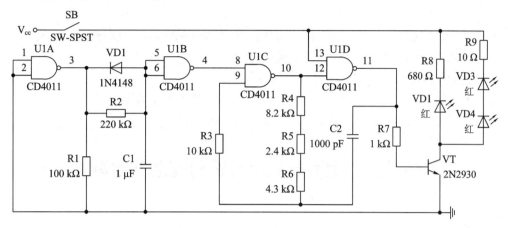

图 7-3　红外线遥控电风扇发射电路

表 7-2　电路元件明细表

Lib Ref	Designator	Part Type	Footprint
RES2	R1	100 kΩ	AXIAL0.4
RES2	R2	220 kΩ	AXIAL0.4
RES2	R3	10 kΩ	AXIAL0.4
RES2	R4	8.2 kΩ	AXIAL0.4
RES2	R5	2.4 kΩ	AXIAL0.4
RES2	R6	4.3 kΩ	AXIAL0.4
RES2	R7	1 kΩ	AXIAL0.4
RES2	R8	680 Ω	AXIAL0.4
RES2	R9	10 Ω	AXIAL0.4
CAP	C1	1 μF	RAD0.2
CAP	C2	1000 pF	RAD0.2
2N1893	VT	2N930	TO-5
1N4148	VD1	1N4148	DIODE0.4
LED	VD2	红	DIODE0.4
LED	VD3	红	DIODE0.4
LED	VD4	红	DIODE0.4
CD4011	U1	CD4011	DIP14
1N4148、2N1893 在"Sim.ddb"元件库中； CD4011 在"NEC Databooks.ddb"元件库中； 其余元件均在"Miscellaneous Devices.ddb"元件库中。			

操作步骤

(1) 单击主菜单中的 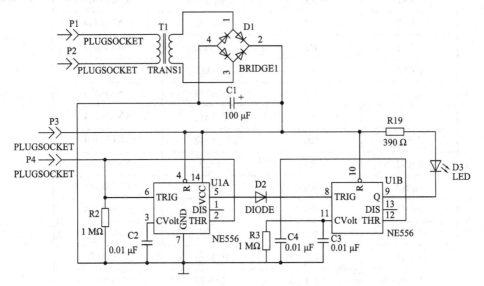 图标，加载 "Miscellaneous Devices.Lib"、"NEC Databooks.ddb"、"Sim.ddb" 元件库，放置元件。

(2) 连接导线的操作步骤同练习一操作步骤(2)。

(3) 放置电源、地线：单击 "WiringTools" 工具栏中的 图标。

(4) 进行电气规则检查的操作步骤同练习一操作步骤(4)。

练习三　定时器应用电路原理图的绘制

实训内容

绘制如图 7-4 所示的定时器应用电路原理图，并进行电气规则检查。图 7-4 中电路元件说明如表 7-3 所示。

图 7-4　定时器应用电路

表 7-3　电路元件明细表

Designator	Lib Ref	Part Type
C1	ELECTR01	100 μF
C2、C3、C4	CAP	0.01 μF
R2、R3	RES1	1 MΩ
R19	RES1	390 Ω
D1	BRIDGE1	BRIDGE1
D2	DIODE	DIODE

续表

Designator	Lib Ref	Part Type
D3	LED	LED
U1	NE556	NE556
P1、P2、P3、P4	PLUGSOCKET	PLUGSOCKET
T1	TRANS1	TRANS1
U1 在 "Protel DOS Schematic Libraries.ddb" 的 "Protel DOS Schematic Linear.Lib" 中； 其余元件在 "Miscellaneous Devices.Lib" 中。		

操作步骤

(1) 单击主菜单中的 ▨ 图标，加载 "Miscellaneous Devices.Lib"、"Protel DOS Schematic Libraries.ddb" 元件库，放置元件。

(2) 连接导线的操作步骤同练习一操作步骤(2)。

(3) 放置电源、地线：单击 "WiringTools" 工具栏中的 ▨ 图标。

(4) 进行电气规则检查的操作步骤同练习一操作步骤(4)。

练习四　8051 微处理器低功耗模式改进电路原理图的绘制

实训内容

绘制 8051 微处理器低功耗模式的改进总线的电路原理图，如图 7-5 所示。练习放置总线接口、总线、端口和网络标号，并进行电气规则检查。图 7-5 中的电路元件说明如表 7-4 所示。

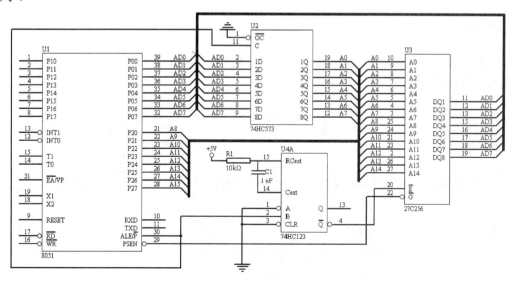

图 7-5　8051 微处理器低功耗模式的改进电路原理图

表 7-4　电路元件明细表

Lib Ref	Designator	Part Type	Footprint
RES2	R1	10 kΩ	AXIAL0.4
CAP	C1	1 nF	RAD0.2
8051	U1	8051	DIP40
74HC573	U2	74HC573	DIP20
27C256	U3	27C256	DIP28
74LS123	U4	74LS123	DIP16
元件库：R1、C1 在"Miscellaneous Devices.ddb"元件库中； U1、U2、U4 在"Protel DOS Schematic Libraries.ddb"元件库中； U3 在"Intel Databooks.ddb"的"Intel Memory.Lib"元件库中。			

操作提示

(1) 单击主菜单中的 图标，加载"Miscellaneous Devices.Lib"、"Protel DOS Schematic Libraries.ddb"、"Intel Databooks.ddb"元件库，放置元件。

(2) 连接导线的操作步骤同练习一操作步骤(2)。

(3) 放置总线分支、网络标号方法参考实训六练习四导线、总线分支、网络标号的阵列式粘贴。

(4) 放置电源、地线：单击"WiringTools"工具栏中的 图标。

(5) 进行电气规则检查的操作步骤同练习一操作步骤(4)。

练习五　声、光双控照明延时灯电路的绘制

实训内容

绘制如图 7-6 所示的声、光双控照明延时灯电路原理图，并进行电气规则检查。图 7-6 中电路元件说明如表 7-5 所示。

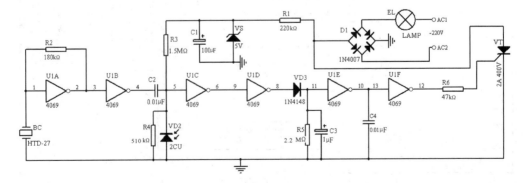

图 7-6　声光双控照明延时灯电路原理图

表 7-5　电路元件明细表

Lib Ref	Designator	Part Type	Footprint
RES2	R1、R2、R3、R4、R5、R6	220 kΩ、180 kΩ、1.5 MΩ、510 kΩ、2.2 MΩ、47 kΩ	AXIAL0.4
ELECTRO1	C1、C3	100 μF、1 μF	RB.2/.4
CAP	C1、C4	0.01 μF	RAD0.2
4069	U1	4069	DIP14
CRYSTAL	BC	HTD-27	RAD0.2
18DB05	D1	1N4007	D-37
PHOTO	VD2	2CU	RB.1/.2
1N4148	VD3	1N4148	DIODE0.4
SCR	VT	2 A 400 V	TO-5
1N4728	VS	5 V	DIODE0.4
LAMP	EL	LAMP	DIP2

U1 在 "Protel DOS Schematic Libraries.ddb" 元件库中；

D1、VS、VD3 在 "Sim.ddb" 元件库中；

其余元件均在 "Miscellaneous Devices.ddb" 元件库中。

操作提示

(1) 单击主菜单中的 ▨ 图标，加载 "Miscellaneous Devices.Lib"、"Protel DOS Schematic Libraries.ddb"、"Sim.ddb" 元件库，放置元件。

(2) 连接导线的操作步骤同练习一操作步骤(2)。

(3) 放置文字标注：单击 DrawingTools ✕ 工具栏中的 T 图标，输入 "~220 V" 文字。

(4) 放置输入端口 AC1、AC2、地线符号：单击 "WiringTools" 工具栏中的 ⏚ 图标。

(5) 进行电气规则检查的操作步骤同练习一操作步骤(4)。

实训八　层次原理图绘制

实训目的

(1) 掌握层次原理图的查看方法。

(2) 掌握层次原理图的绘制方法。

实训设备

电子 CAD 软件 Protel 99 SE、PC 机。

练习一　层次原理图的切换操作

实训内容

打开"Z80 Microprocessor.ddb"设计数据库文件，练习在方块图和子电路图之间相互切换的方法。

操作步骤

(1) 找到 Protel 99 SE 安装根目录"Design Explorer 99 SE"。

(2) 在"Examples"文件夹下找到"Z80 Microprocessor.ddb"，双击打开该设计数据库。

(3) 从方块图查看子电路图：

① 打开方块图电路文件。

② 单击主工具栏上的 ⬇⬆ 图标，或执行菜单命令"Tools\Up\Down Hierarchy"，光标变成十字形。

③ 在要查看的方块图上单击鼠标左键，系统立即切换到该方块图对应的子电路图上，如图 8-1 所示。

(4) 从子电路图查看方块图：

① 打开子电路图文件。

② 单击主工具栏上的 ⬇⬆ 图标，或执行菜单命令"Tools\Up\Down Hierarchy"，光标变成十字形。

③ 在子电路图的端口上单击鼠标左键，系统立即切换到方块电路图上，如图 8-2 所示。

该子电路图所对应的方块图位于编辑窗口中央，且鼠标左键单击过的端口处于聚焦状态。

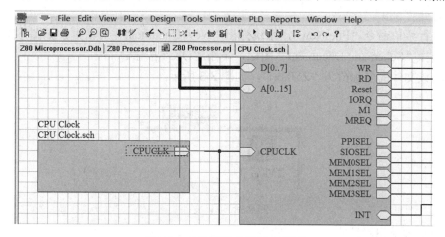

图 8-1 方块图切换到子电路图

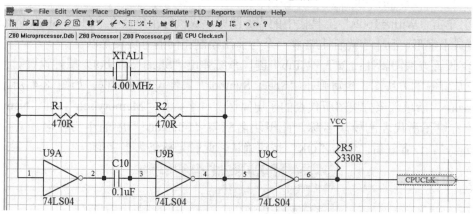

图 8-2 子电路图切换到方块图

练习二　层次原理图的绘制(一)

实训内容

利用自上而下的设计方法，绘制"Z80 Microprocessor.ddb"中的方块图"Z80 Processor.prj"，并绘制其中的一个子电路图"CPU Clock.sch"。

操作步骤

(1) 建立项目文件夹：

① 执行菜单命令"File\New"，系统弹出"New Document"对话框，如图 1-3 所示。

② 选择"Document Folder"(文件夹)图标，单击"OK"按钮。

③ 将该文件夹的名称改为"Z80"。

(2) 建立方块图文件：

① 打开"Z80"文件夹。

② 执行菜单命令"File\New"，系统弹出"New Document"对话框，如图 1-3 所示。

③ 选择"Schematic Document"图标，单击"OK"按钮。

④ 将该文件的名称改为"Z80.prj"，如图 8-3 所示。

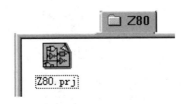

图 8-3　项目文件

(3) 绘制方块电路图：

① 打开"Z80.prj"文件。

② 单击"WiringTools"工具栏中的 ▦ 图标，或执行菜单命令"Place\Sheet Symbol"，光标变成十字形，且十字光标上带着一个与前次绘制相同的方块图形状。

③ 设置方块图属性：按下 "Tab"键，系统弹出"Sheet Symbol"属性设置对话框；双击已放置好的方块图，也可弹出"Sheet Symbol"属性设置对话框，如图 8-4 所示。在"Filename"后填入该方块图所代表的子电路图文件名，如"Memory.sch"。在"Name"后填入该方块图所代表的模块名称，此模块名应与"Filename"中的主文件名相对应，如"Memory"。设置好后，单击"OK"按钮确认，此时光标仍为十字形。

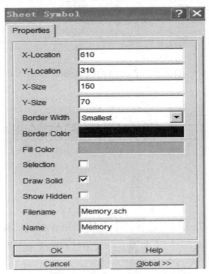

图 8-4　方块图属性设置对话框

④ 确定方块图的位置和大小：在适当的位置单击鼠标左键，确定方块图的左上角，移动光标，当方块图的大小合适时在方块图右下角单击鼠标左键，则放置好一个方块图。

⑤ 此时系统仍处于放置方块图状态，可重复以上步骤继续放置，也可单击鼠标右键退出放置状态。

(4) 放置方块图电路端口：

① 单击"WiringTools"工具栏中的 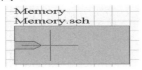 图标，或执行菜单命令"Place\Add Sheet Entry"，光标变成十字形。

② 将十字光标移到方块图上单击鼠标左键，出现一个浮动的方块图电路端口，此端口随光标的移动而移动，如图 8-5 所示。

图 8-5   方块图电路端口放置

注意：此端口必须在方块图上放置。

③ 设置方块图电路端口属性：按下"Tab"键，系统弹出"Sheet Entry"属性设置对话框；双击已放置好的端口，也可弹出"Sheet Entry"属性设置对话框，如图 8-6 所示。

Name：方块图电路端口名称，如 WR。

I/O Type：端口的电气类型。

Style：端口的外形。

设置完毕后，单击"OK"按钮确定。

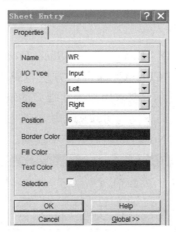

图 8-6   端口属性设置对话框

④ 此时方块图电路端口仍处于浮动状态，并随光标的移动而移动。在合适位置单击鼠标左键，则完成了一个方块图电路端口的放置。

⑤ 系统仍处于放置方块图电路端口的状态，重复以上步骤可放置方块图电路的其他端口，单击鼠标右键可退出放置状态。放置好端口的方块图电路如图 8-7 所示。

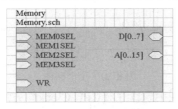

图 8-7   方块图电路

(5) 连接各方块图电路：在所有的方块图电路及端口都放置好后，用导线(wire)或总线

(Bus)进行连接。图 8-8 为完成电路连接关系的方块图。

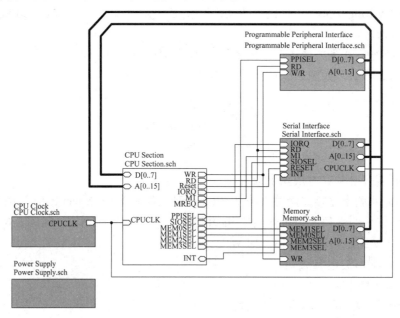

图 8-8　方块电路图(Z80 Processor.prj)

(6) 设计子电路图：

① 在方块图中执行菜单命令"Design\Create Sheet From Symbol"，光标变成十字形。

② 将十字光标移到名为"CPU Clock"的方块电路上，单击鼠标左键，系统弹出"Confirm"对话框，如图 8-9 所示，要求用户确认端口的输入/输出方向。如果选择"Yes"，则所产生的子电路图中的 I/O 端口方向与方块图方块电路中端口的方向相反，即输入变成输出，输出变成输入。如果选择"No"，则端口方向不反向。

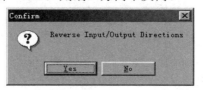

图 8-9　Confirm 对话框

③ 按下"No"按钮后，系统自动生成名为"CPU Clock.sch"的子电路图，且自动切换到子电路图，如图 8-10 所示。

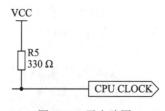

图 8-10　子电路图

从图中可以看出，子电路图中包含了"CPU Clock"方块电路中的所有端口，无需自己再单独放置 I/O 端口。

④ 绘制"CPU Clock"模块的内部电路，如图 8-11 所示。

⑤ 绘制完子电路原理图后，将各端口移动到对应的位置上。

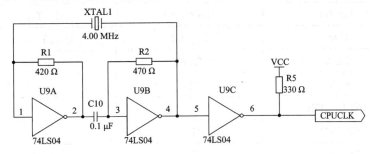

图 8-11 CPU Clock 的子电路图

练习三 层次原理图的绘制(二)

实训内容

绘制如图 8-12(a)所示的方块电路图，并绘制该方块图下面的一个子电路图"dianyuan.sch"如图 8-12(b)所示。图 8-12(b)中电路元件说明如表 8-1 所示。

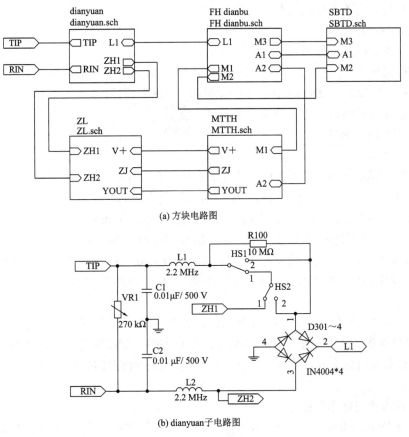

(a) 方块电路图

(b) dianyuan子电路图

图 8-12 练习三电路图

表 8-1　dianyuan 子电路元件明细表

Lib Ref	Designator	Part Type
CAP	C1、C2	0.01 μF/500 V
RES2	R100	100 MΩ
RES4	VR1	270 kΩ
INDUCTOR	L1、L2	2.2 MHz
SW SPDT	HS1	HS1
SW SPDT	HS2	HS2
BRIDGE1	D301～4	IN4004*4
元件库：Miscellaneous Devices.ddb		

操作步骤

(1) 建立项目文件夹：

① 执行菜单命令"File\New"，系统弹出"New Document"对话框，如图 1-3 所示。

② 选择"Document Folder"(文件夹)图标，单击"OK"按钮。

③ 将该文件夹的名称改为整流电路 　　　。

(2) 建立方块图文件：

① 打开整流电路文件夹。

② 执行菜单命令"File\New"，系统弹出"New Document"对话框，如图 1-3 所示。

③ 选择"Schematic Document"图标，单击"OK"按钮。

④ 将该文件的名称改为"整流电路.prj"　　　。

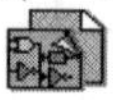

(3) 绘制方块电路图：

① 打开"整流电路.prj"文件。

② 单击"WiringTools"工具栏中的 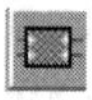 图标，或执行菜单命令"Place\Sheet Symbol"，光标变成十字形，且十字光标上带着一个与前次绘制相同的方块图形状。

③ 设置方块图属性：按"Tab"键，系统弹出"Sheet Symbol"属性设置对话框，如图 8-4 所示。双击已放置好的方块图，也可弹出"Sheet Symbol"属性设置对话框。在"Filename"后填入该方块图所代表的子电路图文件名，如"dianyuan.sch"。在"Name"后填入该方块图所代表的模块名称，如"dianyuan"。设置好后，单击"OK"按钮确认，此时光标仍为十字形。

④ 确定方块图的位置和大小：在适当的位置单击鼠标左键，确定方块图的左上角，移动光标，当方块图的大小合适时在右下角单击鼠标左键，则放置好一个方块图。

⑤ 此时系统仍处于放置方块图状态，可重复以上步骤继续放置，也可单击鼠标右键退出放置状态。

(4) 放置方块电路端口：

① 单击"WiringTools"工具栏中的 图标，或执行菜单命令"Place\Add Sheet Entry"，光标变成十字形。

② 将十字光标移到方块图上单击鼠标左键，出现一个浮动的方块图电路端口，此端口随光标的移动而移动，如图 8-13 所示。

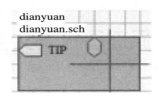

图 8-13　端口放置

③ 设置方块图电路端口属性：按"Tab"键，系统弹出"Sheet Entry"属性设置对话框；双击已放置好的端口，也可弹出"Sheet Entry"属性设置对话框，如图 8-6 所示。设置完毕后，单击"OK"按钮确定。

④ 此时方块图电路端口仍处于浮动状态，并随光标的移动而移动。在合适位置单击鼠标左键，则完成了一个方块电路端口的放置。

⑤ 系统仍处于放置方块电路端口的状态，重复以上步骤可放置方块电路的其他端口。单击鼠标右键，可退出放置状态。

(5) 连接各方块图电路：在所有的方块电路及端口都放置好以后，用导线(wire)或总线(Bus)进行连接。图 8-12(a)为完成电路连接关系的方块图。

(6) 设计子电路图：

① 在方块图中执行菜单命令"Design\Create Sheet From Symbol"，光标变成十字形。

② 将十字光标移到名为"dianyuan"的方块电路上，单击鼠标左键，系统弹出"Confirm"对话框，要求用户确认端口的输入/输出方向。

③ 按下"No"按钮后，系统自动生成名为"dianyuan.sch"的子电路图，且自动切换到子电路图，如图 8-14 所示。

④ 绘制"dianyuan"模块的内部电路，如图 8-12(b)所示。

⑤ 绘制完子电路原理图后，将各端口移到对应的位置上。

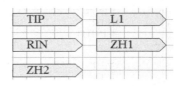

图 8-14　子电路图

实训九　　原理图报表文件的生成

实训目的

(1) 掌握网络表的生成方法与网络表的作用。

(2) 掌握元件清单及其它文件的生成步骤。

实训设备

电子 CAD 软件 Protel 99 SE、PC 机。

练习一　　甲乙类放大电路报表文件的生成

实训内容

画出如图 9-1 所示的甲乙类放大电路原理图。图中电路元件说明如表 9-1 所示。

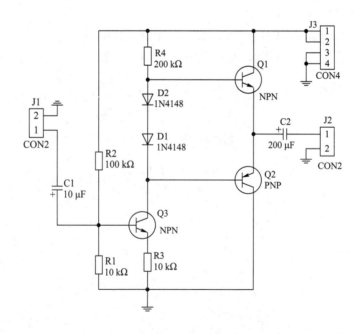

图 9-1　甲乙类放大电路

画好图后，进行以下练习：

(1) 进行电气规则检查。

(2) 生成元件清单报表。

(3) 产生网络表。

表 9-1　电路元件明细表

Designator	Part Type	Footprint
D1、D2	1N4148	DIODE0.4
C1	10 μF	RB-.2/.4
C2	200 μF	RB-.2/.4
J1、J2	CON2	SIP-2
J3	CON4	SIP-4
Q1、Q3	NPN	TO-46
Q2	PNP	TO-46
R1、R2、R3、R4	RES2	AXIAL0.3
元件库：Miscellaneous Devices.ddb		

操作提示

(1) 执行菜单命令"Tools\ERC"，进行电气规则检查。

(2) 执行菜单命令"Report\Bill of Material"，产生元件清单列表，如图 9-2 所示。

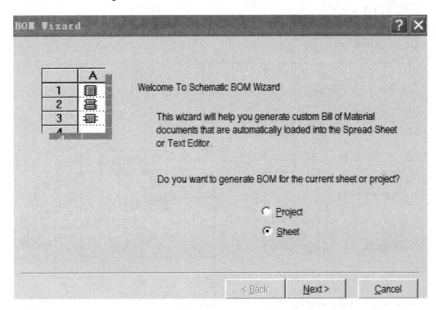

图 9-2　元件报表对话框

(3) 执行菜单命令"Design\Create Netlist"，产生网络表，如图 9-3 所示。

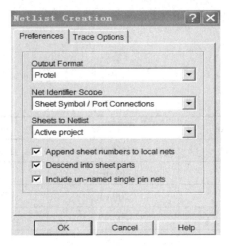

图 9-3　网络表对话框

练习二　时基电路报表文件的生成

实训内容

如图 9-4 所示为时基电路，试画出其原理图。图 9-4 中电路元件说明如表 9-2 所示。画好图后，进行以下练习：

(1) 进行电气规则检查。

(2) 生成元件清单报表。

(3) 产生网络表。

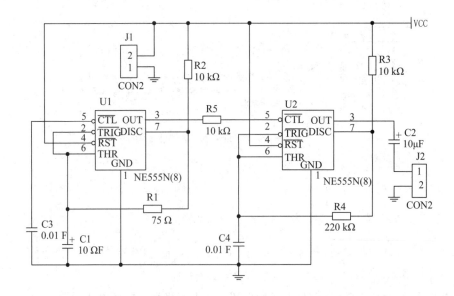

图 9-4　时基电路

表 9-2　电路元件明细表

Lib Ref	Part Type	Designator	Footprint
CAPACITOR POL	10 μF	C1、C2	RB-.2/.4
Cap	0.01 F	C3、C4	RAD0.1
R1	75 kΩ	R1	AXIAL0.3
RES2	10 kΩ	R2、R3、R5	AXIAL0.3
RES2	220 kΩ	R4	AXIAL0.3
CON2	CON2	J1、J2	SIP-2
NE555N(8)	NE555N(8)	U1、U2	DIP-8

时基电路 NE555N(8)元件在 Motorola 公司的"Analog.ddb"的"Motorola Analog Timer Circuit"库中；其余元件在"MiscellaneousDevices.ddb"库中。

操作提示

同练习一操作提示。

练习三　光控延时照明灯电路报表文件的生成

实训内容

如图 9-5 所示为光控延时照明灯电路，试画出其原理图。图 9-5 中电路元件说明如表 9-3 所示。

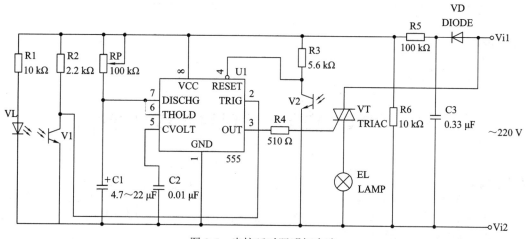

图 9-5　光控延时照明灯电路

画好图后，进行以下练习：

(1) 进行电气规则检查。

(2) 生成元件报表。

(3) 产生网络表。

表 9-3　电路元件明细表

Lib Ref	Part Type	Designator	Footprint
ELECTRO2	4.7-22 μF	C1	RB-.2/.4
Cap	0.01 F	C2	RAD0.1
Cap	0.33 μF	C3	RAD0.1
RES2	10 kΩ	R1、R6	AXIAL0.3
RES2	2.2 kΩ	R2	AXIAL0.3
RES2	5.6 kΩ	R3	AXIAL0.3
RES2	510 Ω	R4	AXIAL0.3
RES2	100 kΩ	R5	AXIAL0.3
POT2	100 kΩ	RP	VR5
555	555	U1	DIP-8
LAMP	LAMP	EL	SIP2
TRIAC	TRIAC	VT	TO-92A
LED	LED	VL	DIODE0.4
PHOTO NPN	PHOTO NPN	V1	TO-92A
PHOTO NPN	PHOTO NPN	V2	TO-92A
DIODE	DIODE	VD	DIODE0.4

时基电路 555 元件在"Sim.ddb"库中；其余元件在"MiscellaneousDevices.ddb"库中。

操作提示

同练习一操作提示。

练习四　微波传感自动灯电路报表文件的生成

实训内容

如图 9-6 所示为微波传感自动灯电路，试画出其原理图。图 9-6 中电路元件说明如表 9-4 所示。画好图后，进行以下练习：

(1) 进行电气规则检查。

(2) 生成元件报表。

(3) 产生网络表。

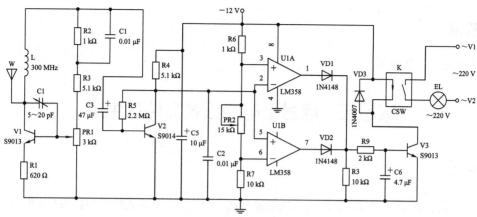

图 9-6 微波传感自动灯电路

表 9-4 电路元件明细表

Lib Ref	Designator	Part Type	Footprint
RES2	R1	620 Ω	AXIAL0.4
RES2	R2	1 kΩ	AXIAL0.4
RES2	R3、R4	5.1 kΩ	AXIAL0.4
RES2	R5	2.2 MΩ	AXIAL0.3
RES2	R6	1 kΩ	AXIAL0.4
RES2	R7、R8	10 kΩ	AXIAL0.4
RES2	R9	2 kΩ	AXIAL0.4
POT2	RP1	3 kΩ	VR5
POT2	RP2	15 kΩ	VR5
CAPVAR	C1	5～20 pF	AXIAL0.4
CAP	C2、C4	0.01 μF	RAD0.3
ELECTRO1	C3	47 μF	RB-.2/.4
ELECTRO1	C5	10 μF	RB-.2/.4
ELECTRO1	C6	4.7 μF	RB-.2/.4
INDUCTOR	L	300 μHz	AXIAL0.4
LAMP	EL	～220 V	SIP2
1N4148	VD1、VD2	1N4148	DIODE-0.4
1N4007	VD3	1N4007	DIODE-0.4
NPN	V1	S9018	TO-5
NPN	V2	S9014	TO-5
NPN	V3	S9013	TO-5
1458	U1	LM358	DIP-8
CSW	K	CSW	DIP-4
ANTENNA	W	ANTENNA	SIP2

VD1、VD2、VD3、K 在"Sim.ddb"元件库中；U1 在"Protel DOS Schematic Libraries.ddb"库中；其余元件在"MiscellaneousDevices.ddb"库中。

操作提示

同练习一操作提示。

练习五　信号源电路报表文件的生成

实训内容

信号源电路如图 9-7 所示，试画出它的原理图。图 9-7 中电路元件说明如表 9-5 所示。画好图后，进行以下练习：

(1) 进行电气规则检查。

(2) 生成元件报表。

(3) 产生网络表。

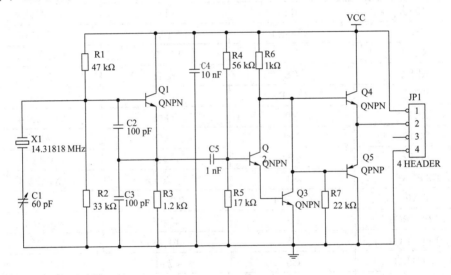

图 9-7　信号源电路

表 9-5　电路元件明细表

Designator	Part Type	Footprint
R1	47 kΩ	1608[0603]
R2	33 kΩ	1608[0603]
R3	1.2 kΩ	1608[0603]
R4	56 kΩ	1608[0603]
R5	17 kΩ	1608[0603]
R6	1 kΩ	2012[0805]
R7	22 kΩ	1608[0603]
C1	60 pF	RAD-0.3

续表

Designator	Part Type	Footprint
C2、C3	100 pF	1005[0402]
C4	10 nF	1005[0402]
C5	1 nF	1005[0402]
JP1	4 HEADER	POWER4
X1	14.31818 MHz	XTAL1
Q1、Q2、Q3、Q4	QNPN	TO92A
Q5	QPNP	TO92A

操作提示

同练习一操作提示。

练习六　A/D 转换电路报表文件的生成

实训内容

A/D 转换电路如图 9-8 所示，试画出其原理图。图 9-8 中电路元件说明如表 9-6 所示。

表 9-6　电路元件明细表

Designator	Part Type	Footprint
R1	1 kΩ	AXIAL0.4
R2、R3、R5、R6、R7	4.7 kΩ	AXIAL0.4
R4	10 kΩ	AXIAL0.4
R8	10 kΩ/POT	VR5
R9	100 kΩ/POT	VR5
JP1、JP2	4 HEADER	SIP4
C1、C2	1 μF/Tan	RB-.2/.4
C3	10 nF	RAD0.3
C4	100 pF	RAD0.3
C5	0.22　μF/Tan	RB-.2/.4
RP1	16PIN	IDC16
D1	IN4733	DIODE0.4
U1	TL074	DIP14
U2	ADC1001	DIP20

画好图后，进行以下练习：

(1) 进行电气规则检查。

(2) 生成元件报表。

(3) 产生网络表。

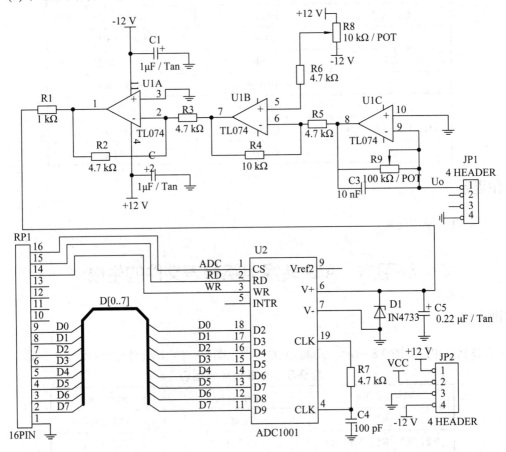

图 9-8　A/D 转换电路

操作提示

同练习一操作提示(导线上标记为网络标号)。

练习七　稻草人电路报表文件的生成

实训内容

稻草人电路如图 9-9 所示，试画出它的原理图。图 9-9 中电路元件说明如表 9-7 所示。画好图后，进行以下练习：

(1) 进行电气规则检查。

(2) 生成元件报表。

(3) 产生网络表。

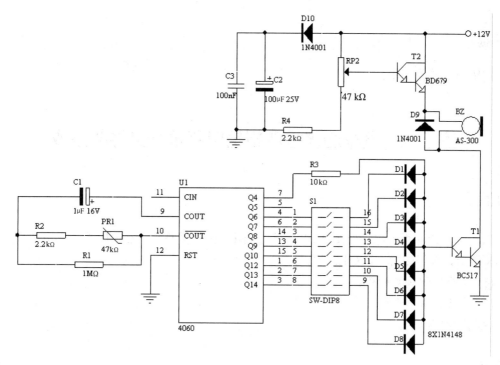

图 9-9　稻草人电路

表 9-7　电路元件明细表

Lib Ref	Designator	Part Type	Footprint
RES2	R1	1 MΩ	AXIAL0.4
RES2	R2、R4	2.2 kΩ	AXIAL0.4
RES2	R3	10 kΩ	AXIAL0.4
VARISTOR	PR1	47 kΩ	AXIAL0.4
POT2	RP2	47 kΩ	VR5
ELECTRO1	C1	1 μF	RB-.2/.4
ELECTRO1	C2	100 μF	RB-.2/.4
CAP	C3	100 nF	RAD0.3
1N4148	D1～D8	1N4148	DIODE-0.4
1N4001	D9、D10	1N4001	DIODE-0.4
NPN DAR	T1	BC517	TO-5
NPN DAR	T2	BD679	TO-5
MICROPHONE2	BZ	AS-300	TO-5
4060	U1	4060	DIP-16
SW-DIP8	S1	SW-DIP8	DIP-16

D1～D10 在 "Sim.ddb" 元件库中；

U1 在 "Protel DOS Schematic Libraries.ddb" 库中；其余元件在 "MiscellaneousDevices.ddb" 库中。

操作提示

同练习一操作提示。

练习八　汽车油量检测报警电路报表文件的生成

实训内容

汽车油量检测报警电路如图 9-10 所示，试画出它的原理图。图 9-10 中电路元件说明如表 9-8 所示。画好图后，进行以下练习：

(1) 进行电气规则检查。

(2) 生成元件报表。

(3) 产生网络表。

操作提示

同练习一操作提示。

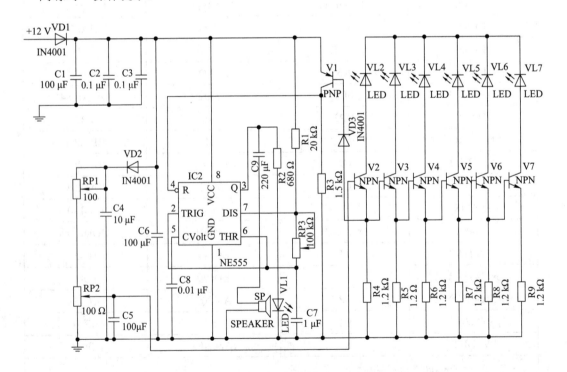

图 9-10　汽车油量检测报警电路

表 9-8 电路元件明细表

Designator	Part Type	Footprint
C1、C5、C6	100 μF	RAD0.1
C2、C3	0.1 μF	RAD0.1
C4	10 μF	RAD0.1
C7	1 μF	RAD0.1
C8	0.01 μF	RAD0.1
C9	220 μF	RAD0.1
R1	20 kΩ	AXIAL0.3
R2	680 Ω	AXIAL0.3
R3	1.5 kΩ	AXIAL0.3
R4～R9	1.2 kΩ	AXIAL0.4
RP1、RP2	100 Ω	VR5
RP3	100 kΩ	VR5
VD1、VD2、VD3	IN4001	DIODE-0.4
VL1～VL7	LED	DIODE0.4
IC2	NE555	DIP-8
V2～V7	NPN	TO-92A
V1	PNP	TO-5
SP	SPEAKER	SIP2

练习九　单片机电路报表文件的生成

实训内容

单片机电路如图 9-11 所示，试画出其原理图。图 9-11 中电路元件说明如表 9-9 所示。画好图后，进行以下练习：

(1) 进行电气规则检查。

(2) 生成元件报表。

(3) 产生网络表。

操作提示

同练习一操作提示(导线上标记为网络标号)。

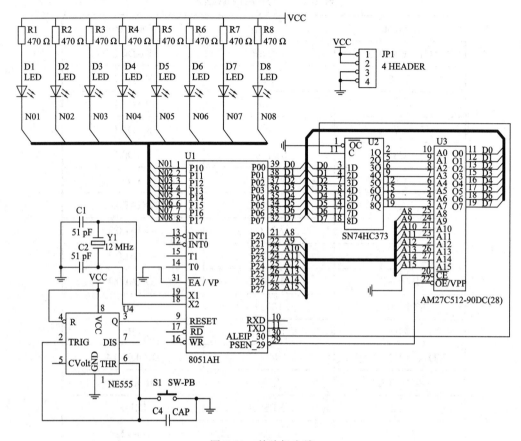

图 9-11　单片机电路

表 9-9　电路元件明细表

Designator	Part Type	Footprint
JP1	4 HEADER	POWER4
Y1	12 MHz	XTAL1
R1～R8	470 Ω	AXIAL0.3
U1	8051AH	DIP-40
U2	SN74HC373	DIP-20
U3	AM27C512-90DC(28)	DIP-28
U4	NE555	DIP-8
D1～D8	LED	DIODE0.4
S1	SW-PB	SIP2
C1、C2	51 pF	RAD0.1
C4	CAP	RAD0.1

练习十 PC 机并行口连接的 A/D 转换电路

报表文件的生成

实训内容

如图 9-12 所示为 PC 机并行口连接的 A/D 转换电路，试画出其原理图。图 9-12 中电路元件说明如表 9-10 所示。画好图后，进行以下练习：

(1) 进行电气规则检查。

(2) 生成元件报表。

(3) 产生网络表。

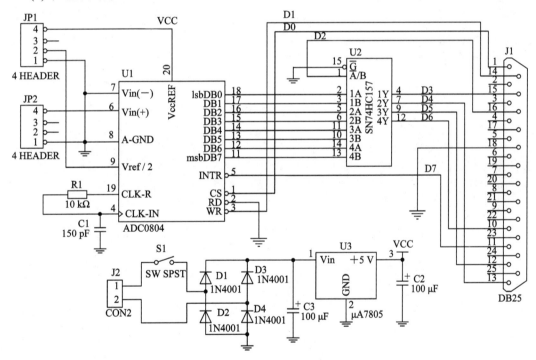

图 9-12 PC 机并行口连接的 A/D 转换电路

表 9-10 电路元件明细表

Designator	Part Type	Footprint
D1~D4	1N4001	DIODE0.4
JP1、JP2	4 HEADER	SIP4
R1	10 kΩ	AXIAL0.3
C1	150 pF	RAD0.1

续表

Designator	Part Type	Footprint
C2、C3	100 μF	RB-.2/.4
J1	DB25	DB-25/M
J2	CON2	SIP4
S1	SW SPST	SIP2
U1	ADC0804	DIP20
U2	SN74HC157	DIP16
U3	μA7805	TO-220

操作提示

同练习一操作提示(导线上标记为网络标号)。

实训十　原理图元件符号的创建与编辑

实训目的

(1) 掌握原理图元件库编辑器的使用方法。

(2) 学会创建新元件符号的方法。

(3) 掌握新元件的使用方法。

实训设备

电子 CAD 软件 Protel 99 SE、PC 机。

练习一　创建继电器控制电路常用元件符号

实训内容

在继电器控制系统中，经常需要如图 10-1 所示的元件，试新建元件库，并画出这些元件。

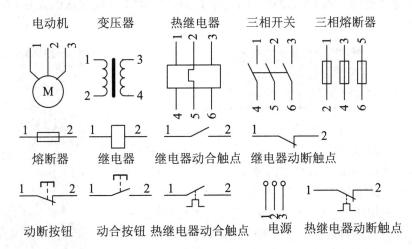

电动机　　变压器　　热继电器　　三相开关　　三相熔断器

熔断器　　继电器　　继电器动合触点　继电器动断触点

动断按钮　　动合按钮　热继电器动合触点　电源　热继电器动断触点

图 10-1　继电器控制系统常用元件

操作提示

(1) 建立元件库：在建立了设计数据库的情况下，执行菜单命令"File\new"，然后在弹出的窗口中选择"Schematic Library Document"  图标，如图 1-3 所示。

（2）双击  图标，新建的原理图文件画面如图 10-2 所示。在元件库编辑器窗口的中心有一个十字坐标系，将元件编辑区划分为四个象限。通常在第四象限靠近坐标原点的位置进行元件的编辑。

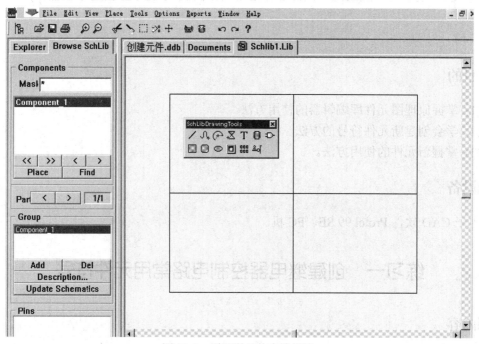

图 10-2　原理图元件库编辑器

（3）执行菜单命令"View\Toolbar\Drawing Toolbar"，打开"SchLib Drawing Tools"工具栏，如图 10-3 所示。

图 10-3　绘图工具栏

（4）使用画图工具在第四象限坐标原点附近绘制元件符号。

（5）放置引脚：单击工具栏中的 按钮，按"Tab"键，系统弹出"Pin"属性设置对话框，如图 10-4 所示。或先放置好引脚，再双击该引脚，也可弹出"Pin"属性设置对话框。

"Pin"属性设置对话框中各选项的含义如下：

● Name：引脚名。如数码管中的 A、B、C 等。

● Number：引脚号。每个引脚必须有引脚号，如 1、2、3。

● X-Location、Y-Location：引脚的位置。

● Orientation：引脚方向。共有 0 Degrees、90 Degrees、180 Degrees、270 Degrees 四个方向。

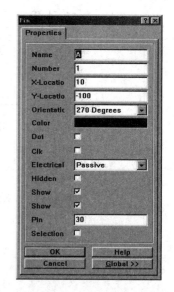

图 10-4　Pin 属性设置对话框

- Color：引脚颜色。
- Dot：引脚是否具有反向标志。√表示显示反向标志。
- Clk：引脚是否具有时钟标志。√表示显示时钟标志。
- Electrical：引脚的电气性质。其中：

　　Input：输入引脚。

　　IO：输入/输出双向引脚。

　　Output：输出引脚。

　　Open Collector：集电极开路型引脚。

　　Passive：无源引脚(如电阻、电容的引脚)。

　　HiZ：高阻引脚。

　　Open Emitter：射极输出。

　　Power：电源(如 VCC 和 GND)。

- Hidden：引脚是否被隐藏，选中表示隐藏。
- Show Name：是否显示引脚名，√ 表示显示引脚名。
- Show Number：是否显示引脚号，√ 表示显示引脚号。
- Pin：引脚的长度。
- Selection：引脚是否被选中。

注意：引脚上的电气节点一定要放在元件符号的外侧。

(6) 执行菜单命令"Tools\Rename Component"，更改元件名。

(7) 执行菜单命令"Tools\New Component"，或单击工具栏中的 ▨ 按钮，创建新元件。

(8) 单击主工具栏上的"保存"按钮，保存该元件。

练习二　使用新建元件绘制继电器控制电路图

实训内容

用练习一所画的元件绘制图 10-5 所示的继电器控制电路。

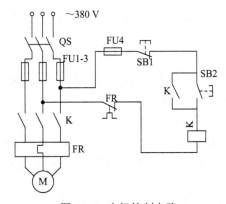

图 10-5　电机控制电路

操作提示

在原理图元件库编辑器窗口，单击浏览器"Browse SchLib"中的"Place"按钮，将元件符号放到原理图中，如图 10-6 所示。也可以在原理图编辑器中，单击"Add\Remove"按钮，加载自己创建的元件库，然后放置元件。

图 10-6　浏览元件库中的元件

练习三　编辑元件库中元件的属性

实训内容

从已有的元件库中拷贝二极管图形，然后将它的管脚长度改为 10 mil。

操作提示

(1) 打开自己创建的原理图元件库文件，如"Schlib1.Lib"。

(2) 执行菜单命令"Tools\New Component"，将元件名改为"二极管"，进入一个新的编辑画面。

(3) 单击"Browse Schlib"选项卡中的"Find"按钮，如图 10-7 所示，系统弹出"Find Schematic Component"(查找原理图元件)对话框。在"By Library Reference"中输入"DIODE"。

(4) 单击"Find Now"按钮，查找元件。

(5) 找到"DIODE"，单击"Edit"按钮。

(6) 在屏幕上打开的"DIODE"库中，执行菜单命令"Edit\Select\All"，选中该元件。

(7) 执行菜单命令"Edit\Copy"，用十字光标在元件图形上单击鼠标左键确定粘贴时的参考点。

(8) 单击主工具栏上的 ⊠ 按钮，取消元件的选中状态后，关闭"DIODE"库。

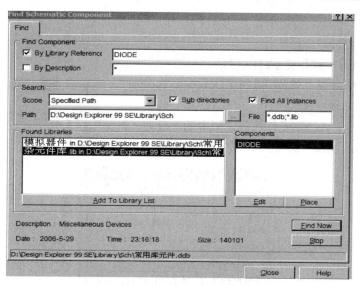

图 10-7　查找原理图元件对话框

(9) 单击主工具栏上的 ✎ 按钮，将其粘贴在"Schlib1.Lib"原理图元件库文件的第四象限靠近坐标原点的位置。

(10) 双击引脚，在引脚属性设置对话框(如图 10-4 所示)中将"Pin"值改为"10"。

(11) 执行菜单命令"Tools\Description"，定义元件属性，在对话框中设置"Default Designator：U?"(元件默认编号)。

(12) 单击主工具栏上的"保存"按钮，保存该元件。

练习四　绘制门控制电路元件符号

实训内容

在原理图元件库编辑器中，绘制如图 10-8 所示逻辑电路中的与门、或门、非门以及时序电路中的 D、JK 和 RS 触发器的符号。

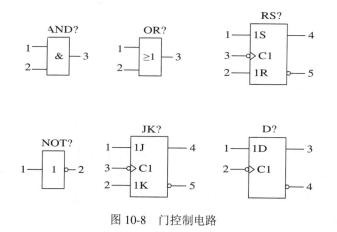

图 10-8　门控制电路

操作提示

(1)、(2)同练习一操作提示(1)、(2)。

(3) 执行菜单命令"View\Toolbar\Drawing Toolbar",或单击 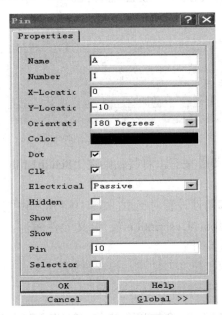 图标,打开"SchLib Drawing Tools"工具栏。

(4) 使用画图工具绘制元件符号。图中的"反向、时钟"标志分别对应于引脚属性编辑对话框中的"Dot、Clk"选项框,如图 10-9 所示。

图 10-9　引脚属性编辑对话框

(5) 执行菜单命令"Tools\Rename Component",更改元件名。

(6) 执行菜单命令"Tools\New Component",或单击工具栏中的 █ 按钮,建立新元件,绘制其他元件符号。

练习五　新元件的使用

实训内容

将练习四中的元件放到原理图中。

操作提示

在原理图元件库编辑器窗口,单击浏览器"Browse SchLib"中的"Place"按钮,将元件符号放到原理图中,如图 10-6 所示。或通过加载原理图元件库的方法加载自己创建的元件库(在原理图编辑器中单击"Add\Remove"按钮,在"Browse"下面的下拉列表框中选择自己创建的元件库),然后放置元件。

练习六　绘制七段数码管显示电路图

实训内容

绘制如图 10-10 所示的七段数码管显示电路图。图中电路元件说明如表 10-1 所示，其中 IC5 为新建元件，IC6 是根据"Miscellaneous Devices.ddb"中的"HEADER 6X2"修改而成的元件。

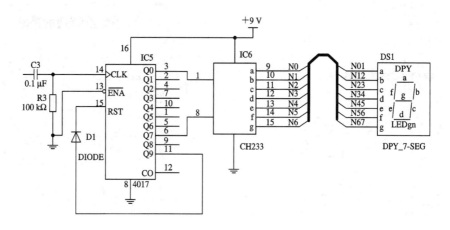

图 10-10　七段数码管显示电路

表 10-1　电路元件明细表

Lib Ref	Designator	Part Type
CAP	C3	0.01 μF
RES2	R3	100 kΩ
HEADER6X2	IC6	CH233
DIODE	D1	DIODE
DPY_7-SEG	DS1	DPY_7-SEG

操作提示

(1) 建立原理图文件。

(2) 加载"Miscellaneous Devices.ddb"原理图元件库。

(3) 放置电阻、电容、二极管、HEADER 6X2 元件。

(4) 在"Miscellaneous Devices.ddb"库中找到"HEADER 6X2"，如图 10-11 所示。单击"Edit"按钮，系统进入到原理图元件库编辑器中，按原理图修改元件符号。修改完成后，单击如图 10-6 所示对话框中的"Update Schematics"按钮，更新原理图。

(5) 在建立的原理图元件库文件(如 Schlib1.Lib)中绘制 IC5 元件。其中"非"标志的画法是在 Name 中输入："E\N\A\"，如图 10-10 所示。各引脚的电气特性如表 10-2 所示。

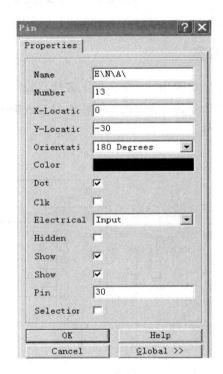

图 10-11　放置元件库中元件　　　　　图 10-12　引脚属性编辑对话框

表 10-2　4017 元件引脚属性

Name	Number	Dot Symbol	Clk Symbol	Electrical Type	Show Name	Show Number	Pin
Q0~Q9、CO	3、2、4、7、10、1、5、6、9、11、12			Output	√	√	30
E\N\A\	13	√		Input	√	√	30
CLK	14		√	Input	√	√	30
RES	15			Input	√	√	30
VCC	16			Power		√	30
GND	8			Power		√	30

练习七　绘制温度测量电路图

实训内容

绘制如图 10-11 所示的温度测量电路图。图中电路元件属性如图 10-11 所示，其中温度传感器"DS1620"为新建元件，其余元件均在"Miscellaneous Devices.ddb"库中。

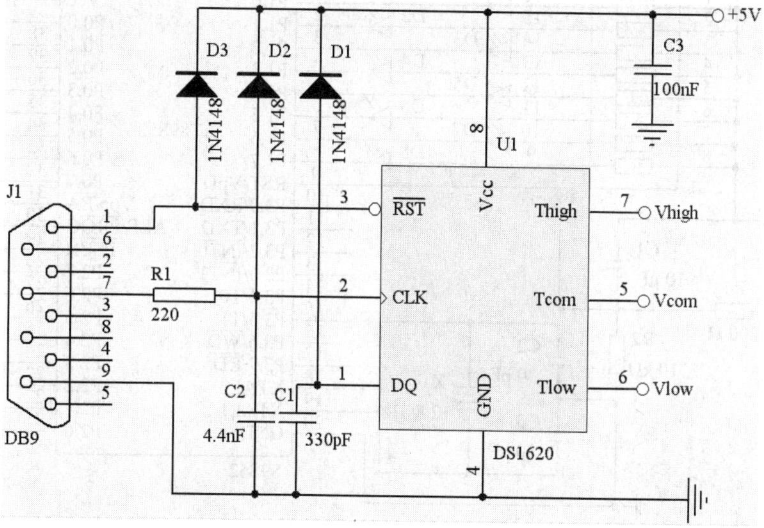

图 10-11　温度测量电路图

操作提示

(1) 绘制新元件 DS1620 的方法同练习六(5)。各引脚的电气特性如表 10-3 DS1620 元件引脚属性所示。

(2) 使用新元件的方法同练习二。

表 10-3　DS1620 元件引脚属性

Name	Number	Dot Symbol	Clk Symbol	Electrical Type	Show Name	Show Number	Pin
Tcom、Tlow、Thigh	5、6、7			Output	√	√	20
R\S\T\	3	√		Input	√	√	20
CLK	2		√	Input	√	√	20
DQ	1			Input	√	√	20
VCC	8			Power		√	20
GND	4			Power		√	20

练习八　流水灯与单片机的连接电路图

实训内容

绘制如图 10-12 所示的流水灯与单片机的连接电路图。其中 U1(AT89S52)为新建元件，D1～D8 为发光二极管 LED 修改而成的元件，其余元件均在"Miscellaneous Devices.ddb"库中。

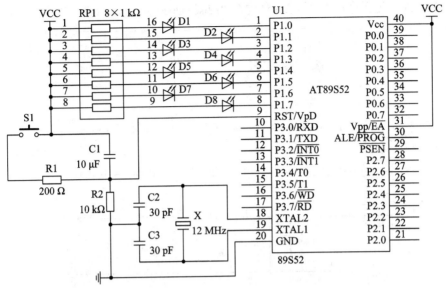

图 10-12　流水灯与单片机的连接电路图

操作提示

(1) 绘制新元件 U1(AT89S52)的方法同练习六(5)。引脚电气特性为：20、40 号为电源(Power)，29、30 号为输出(Output)，9、18、19、31 号为输入(Input)，其余为输入输出双向引脚(IO)，引脚名称如图 10-12 中所示，引脚长度设为 20，并显示所有引脚名称及序号。

(2) 使用新元件的方法同练习二。

(3) 编辑发光二极管元件 D1~D8。将原库中发光二极管 LED 尺寸缩小一半，引脚长度改为 10。

① 在 "Miscellaneous Devices.ddb" 库中找到 LED 元件，如图 10-13 所示。

② 点击编辑(Edit)按钮，打开原理图元件库编辑器，如图 10-14 所示。

图 10-13　LED 原理图元件

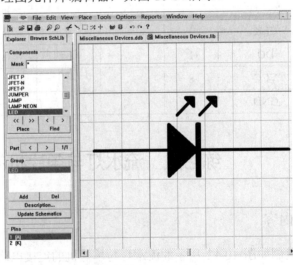

图 10-14　LED 元件库元件

③ 在空白处点击右键，弹出如图 10-15 所示菜单选项，选中"Document Options…"选项，弹出图 10-16 所示文档设置对话框。

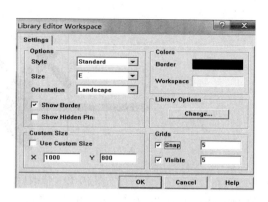

图 10-15　菜单选项　　　　　　　　　图 10-16　文档设置对话框

④ 在图 10-16 中，将"Snap"、"Visible"后面的数字改为 5，点击"OK"，返回图 10-14 所示元件库编辑器窗口。

⑤ 先选中水平方向三角形右边的顶点，向左移动 1.5 个栅格，再分别选中三角形的上下顶点，将其移到栅格上，如图 10-17 所示。

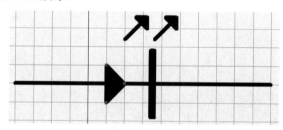

图 10-17　三角形修改后的结果

⑥ 移动竖直对象到三角形右顶点位置，并将其缩小到两个栅格大小。

⑦ 将水平线删除，重新放置一根长 15 的实线，将引脚长度改为 10，并与水平线端点相连。

⑧ 双击发光标志箭头，出现如图 10-18 所示多边形属性设置对话框，单击"Border"后面的倒三角形，选中"Smallest"将箭头缩小。

图 10-18　多边形属性设置对话框

⑨ 去掉图 10-16 中的"Snap"复选框，将发光标志后尾线删除，重新绘制两条相互平行的短线，并放在合适位置。然后选中修改好的发光标志并移动到合适的位置，如图 10-19 所示。

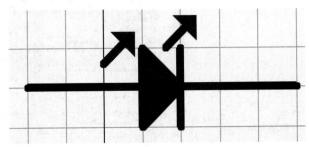

图 10-19　修改后的发光二极管图形

⑩ 修改完成后，在图 10-14 中，单击"Place"按钮，即可将修改好的元件放到原理图编辑器中。

(4) 放置图中其他元件，连接电路图。

印刷电路板（PCB）设计篇

实训十一　　PCB 设计基础

实训目的

(1) 掌握 PCB 文档的建立方法。

(2) 掌握画面管理的各种操作。

(3) 学会栅格的设置方法。

(4) 掌握元件原理图和元件封装图之间、元件原理图管脚和元件封装图焊盘之间的关系。

(5) 了解设计环境的颜色变化。

(6) 掌握 Design\Options\Layers 各复选框的含义。

(7) 掌握 Tools\Preferences 各选项的含义。

(8) 学会简单规划电路板的大小。

实训设备

电子 CAD 软件 Protel 99 SE、PC 机。

练习一　　建立 PCB 文档

实训内容

建立设计数据库文件，并建立电路板文件。

操作提示

电路板文件的建立方法同原理图文件的建立方法，只是在如图 1-3 所示的对话框中选择

PCB Document 图标，就建立了以 "PCB1.PCB" 为默认名的电路板文件 PCB1.PCB 。

练习二　　画面管理操作

实训内容

在 PCB 编辑器中，打开系统自带的范例 "PCB Benchmark 94.ddb"，练习画面管理的各种操作，并比较各命令执行的效果。

操作提示

(1) 画面的放大与缩小。此种操作有以下五种方法：

① 用鼠标左键单击主工具栏中的 🔍、🔍 按钮。

② 执行菜单命令"View\Zoom in"、"View\Zoom out"。

③ 使用快捷键"Page Up"、"Page Down"。

④ 在工作窗口中的某一点，单击鼠标右键，在弹出的快捷菜单中选择"Zoom in"、"Zoom out"命令，或直接按"Page Up"、"Page Down"键，则画面以该点为中心进行放大或缩小。

⑤ 在 PCB 管理器中，单击"Browse PCB"选项卡，在"Browse"下拉列表框中，选择浏览类型(如网络或元件)，再选择浏览对象(如网络名、节点名或焊盘名)，单击"Zoom"或"Jump"按钮，也可对被选中的对象进行放大或缩小。

(2) 对选定区域的放大。此种放大有两种方法：

① 区域放大：执行菜单命令"View\Area"，或用鼠标单击主工具栏中的 🔲 图标。

② 中心区域放大：执行菜单命令"View\Around Point"。

(3) 显示整个电路板/整个图形文件。

① 显示整个电路板：执行菜单命令"View\Fit Board"，在工作窗口中显示整个电路板，但不显示电路板边框外的图形。

② 显示整个图形文件：执行菜单命令"View\Fit Document"或单击图标 🔲，可将整个图形文件在工作窗口中显示。如果电路板边框外有图形，也同时显示出来。

(4) 采用上次显示比例显示：执行菜单命令"View\Zoom Last"。

(5) 画面刷新：执行菜单命令"View\Refresh"或使用快捷键"End"，可清除因移动元件等操作而留下的残痕。

注意：在工作窗口单击鼠标右键，在弹出的快捷菜单中，也收集了"View"菜单中最常用的画面显示命令。

练习三　加载元件封装库

实训内容

使用电路板管理器的库管理功能，将封装库 PCB Footprint、Miscellaneous、General IC、International Rectifiers、Transistor 加载到电路板设计环境中。

操作提示

(1) 在设计管理器中选择"Browse PCB"页面。

(2) 在"Browse"区域的下拉框中选择"Libraries"选项。

(3) 单击"Add\Remove"按钮，弹出封装库选择窗口，如图 11-1 所示。

(4) 选择 PCB 封装库的路径：Protel 99 SE 的子目录 "\Library\PCB\Generic Footprints\"。

(5) 选择需要加载的封装库，单击 "OK" 按钮即可。

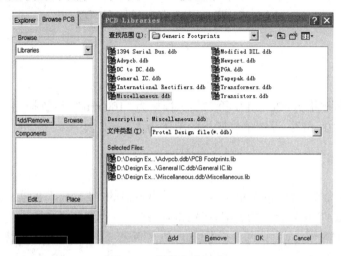

图 11-1　封装库选择窗口

练习四　元件原理图和封装图的关系

实训内容

试说明元件原理图和元件封装图之间、元件原理图管脚和元件封装图焊盘之间的关系，如图 11-2 所示。

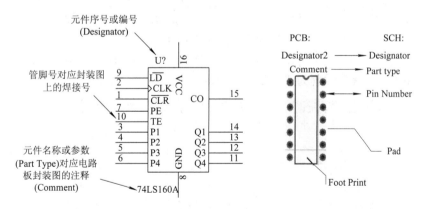

图 11-2　元件标示对比图

操作提示

(1) 原理图中的元件序号(Designator)对应于电路板图中封装的元件序号(Designator)。

(2) 原理图中的元件的参数(Part Type)对应于元件封装的注释(Comment)。

(3) 原理图中的元件封装名称(Foot Print)对应于元件的封装名称(Foot Print)。

(4) 原理图元件管脚号对应于元件封装的焊盘号。

练习五　栅格的设置

实训内容

设置第一显示栅格为"20 mil",第二显示栅格为"100 mil";设置捕捉栅格 X 方向为"10 mil"、Y 方向为"10 mil";设置电气栅格的范围为"4 mil"。

操作提示

(1) 执行菜单命令"Design\Options",在弹出窗口的"Layers"页面的"System"区域中将"Visible Grid 1"设置为"20 mil","Visible Grid 2"设置为"100 mil",如图 11-3 所示。

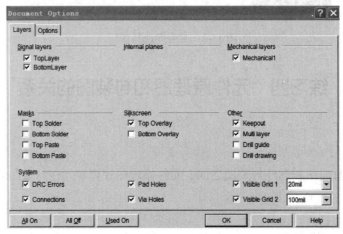

图 11-3　板层、栅格设置对话框

(2) 执行菜单命令"Design\Options",在弹出窗口的"Options"页面的"Grid"区域中将"Snap X"和"Snap Y"设置为"10 mil","Range"设置为"4 mil",如图 11-4 所示。

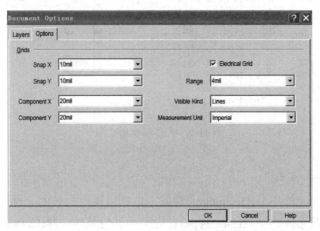

图 11-4　捕捉栅格、电气栅格、显示栅格及单位设置对话框

练习六　设计环境的颜色设置

实训内容

观察"Default Color"和"Classic Color"的区别。

操作提示

(1) 执行菜单命令"Tools\Preferences",在弹出的窗口中选择"Colors"页面,如图 11-5 所示。

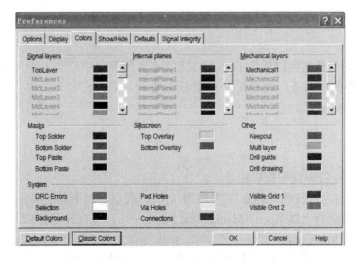

图 11-5　显示颜色设置对话框

(2) 分别单击该页面底部的"Default Colors"按钮和"Classic Color"按钮,然后单击"OK"按钮退出窗口,观察设计环境的颜色变化。

练习七　区别主菜单上"Design\Options..."和
"Tools\Preferences..."对话框的各自功能

实训内容

在 PCB 编辑器中,打开系统自带的范例"PCB Benchmark 94.ddb",进行以下操作:

(1) 执行菜单"Design\Options…",点击 Design\Options\Layers 各复选框,观察图中显示状况及图下标签显示情况。

(2) 执行菜单"Tools\Preferences…",分别选中各选项,点击各选项复选框,观察图中显示状况,比较各命令执行的效果。

操作提示

(1) 执行菜单命令"Design\Options",在弹出窗口选中"Layers"选项,如图 11-3 所示,点击各复选框,观察图中显示状况及图下标签显示情况。改变"Visible Grid 2"后面数字大小,观察图中栅格变化情况。

(2) 执行菜单命令"Tools\Preferences",如图 11-5 所示。在弹出的窗口中分别选中"Options"、"Display"、"Colors"、"Show\Hide"页面,在各页面点击各选项复选框,或改变复选框后面的数字大小,观察图中显示状况,比较各命令执行的效果。

练习八　电路板规划

实训内容

新建一个名为"我的电路板"的 PCB 文档,在工作窗口中绘制大小为"2000 mil × 1500 mil",形状为矩形的电路板,设定其为 PCB 板的物理边界;设定 PCB 板的电气边界,大小为"1800 mil × 1300 mil"。

操作提示

(1) 设定电路板的形状和物理边界。

① 新建一个名为"我的电路板"的 PCB 文档。观察窗口下面层显示部分有无机械层。若没有,执行菜单命令"Desigen→Mechanical Layer…",或在设计窗口单击鼠标右键,选择"Options"下的"Mechanical Layer…"菜单,弹出如图 11-6 所示"Setup Mechanical Layers"(机械层设置)对话框,其中已经列出 16 个机械层。单击某复选框,可以打开相应的机械层,并可设置该层名称、是否可见、是否在单层显示时放到各层等参数。添加机械层"Mechanical 1"。

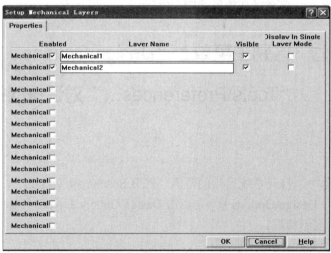

图 11-6　Setup Mechanical Layers (机械层)设置对话框

若有如图 11-7 所示，则选中 Mechanical1 并单击，使它成为当前层。

\TopLayer /\BottomLayer /\Mechanical1 /\TopOverlay /\KeepOutLayer /\MultiLayer /

图 11-7　层显示部分

② 在主菜单单击"Edit\Origin\Set"，或者选择放置工具栏中 ⊠，光标变为十字形，在窗口任意位置单击鼠标左键，设置相对坐标原点(X:0 mil Y:0 mil) ▨。

③ 选择菜单"Place\line"，或单击放置工具栏中的 ≋，移动十字光标到相对坐标原点处，单击鼠标左键，顺次移至坐标(X: 2000 mil Y: 0 mil)，(X: 2000 mil Y: 1500 mil)，(X: 0 mil Y: 1500 mil)(X: 0 mil Y: 0 mil)处单击鼠标左键，形成封闭的物理边界后点击鼠标右键完成。如图 11-8 所示。

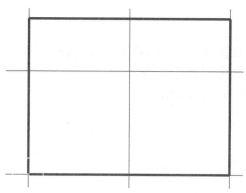

图 11-8　PCB 板大小、形状显示

(2) 定义电气边界。

单击禁止布线层(Keep Out Layer)将其放在当前工作层，在坐标为(X: 100 Y: 100)处单击鼠标左键绘制电器边界。顺次移至坐标(X: 1900 mil Y: 100 mil)，(X: 1900 mil Y: 1400 mil)，(X: 100 mil Y: 1400 mil)，(X: 100 mil Y: 100 mil)处单击鼠标左键，形成封闭的物理边界后点击鼠标右键完成，如图 11-9 所示。

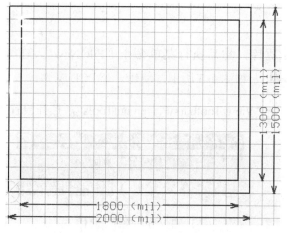

图 11-9　PCB 板物理边界，电气边界大小、形状显示

实训十二　PCB 对象的放置、属性的编辑与板层的设置

实训目的

(1) 掌握各种对象的放置方法。

(2) 掌握 PCB 板层的设置方法与电路板尺寸大小的确定方法。

(3) 学会 PCB 元件封装库的加载、卸载方法。

(4) 掌握 PCB 对象属性的编辑方法。

实训设备

电子 CAD 软件 Protel 99 SE、PC 机。

练习一　相对坐标原点的设置

实训内容

新建一个 PCB 文件，设置相对坐标原点，并观察设置前后状态栏中坐标值的变化。

操作提示

(1) 建立设计数据库，然后执行菜单命令 "File\New"，在弹出的窗口中选择 "PCB Document" 图标 ，如图 1-3 所示，新建一个 PCB 文件。

(2) 执行菜单命令 "View\Toolbars\PlacementTools"，打开放置工具栏，如图 12-1 所示。

图 12-1　放置工具栏

(3) 单击放置工具栏中的 按钮，或执行菜单命令 "Edit\Origin\Set"。

(4) 当光标变成十字形时，将光标移到要设为相对坐标原点的位置(最好位于可视栅格

线的交叉点上)，单击鼠标左键，即将该点设为用户自定义的坐标原点。设置完成后，观察状态栏的坐标值有无变化。

(5) 显示坐标原点标记：执行菜单命令"Tool\Preferences"，在弹出的窗口选择"Display"页面，将 ☑ Origin Marker 选中即可。

(6) 若要恢复原来的坐标系，执行菜单命令"Edit\Origin\Reset"即可。

练习二　元件封装的放置与属性的编辑

实训内容

在 PCB 文件中，放置电阻、电容、二极管、三极管、集成电路等元件，并设置它们的属性。

集成电路的封装：DIP8、DIP14、DIP16、PGA52X9、PLCC20。

电阻元件的封装：AXIAL-0.3～AXIAL-1.0。

电容元件的封装：RAD-0.1～RAD-0.4。

二极管元件的封装：DIODE-0.4、DIODE-0.7、DO-41。

三极管元件的封装：TO-46、TO-92、TO126、TO220。

操作提示

(1) 加载元件封装库"PCB Footprint.ddb"、"Miscellaneous.ddb"。在设计管理器中选择"Browse PCB"页面，在该页面"Browse"区域的下拉框中选择"Libraries"，然后单击"Add/Remove"按钮，在弹出的封装库选择窗口中选择 PCB 封装库的路径：Protel 99 SE 的子目录"\Library\PCB\Generic Footprints\"，如图 11-1 所示。

(2) 放置元件：

① 单击如图 12-1 所示放置工具栏中的 █ 按钮，或执行菜单命令"Place\Component"，弹出放置元件对话框，如图 12-2 所示。

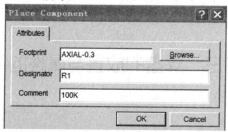

图 12-2　放置元件对话框

② 在"Footprint"文本框中输入元件封装的名称(如 AXIAL-0.3)；在"Designator"文本框中输入元件的标号(如 R1)；在"Comment"文本框中输入元件的型号或标称值(如 100K)。

③ 设置完毕后单击"OK"按钮，光标变成十字形，并在光标上连接了所选的元件，移动光标到放置元件的位置(可用空格键旋转元件的方向)，单击鼠标左键放置元件。

④ 系统再次弹出放置元件对话框,可继续放置元件,或单击"Cancel"按钮结束命令状态。

(3) 元件的属性设置方法有四种:

① 在放置元件的命令状态下,按下"Tab"键。

② 用鼠标左键双击某元件。

③ 用鼠标右键单击某元件,在弹出的快捷菜单中选择"Properties"命令。

④ 执行菜单命令"Edit\Change",光标变成十字形,选取元件,均可弹出元件属性设置对话框,如图 12-3 所示。

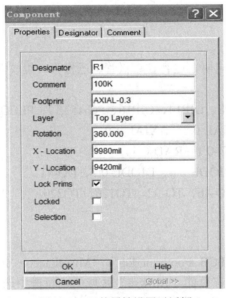

图 12-3　元件属性设置对话框

注意:在图 12-3 所示的元件属性设置对话框中,"Locked"选项与执行菜单命令"Tools\Preferences"打开的"Preferences"对话框的"Options"选项卡中的"Protect Locked Objects"复选框有关。当该复选框有效时,不能对锁定的对象进行移动、删除等属性操作;当该复选框无效时,对锁定的对象进行移动、删除等操作时,会弹出一个要求确认的对话框。

练习三　焊盘的放置与属性的编辑

实训内容

放置焊盘,注意焊盘编号的变化并设置焊盘的形状等属性。

操作提示

(1) 放置焊盘的步骤:

① 单击如图 12-1 所示放置工具栏中的 ◉ 按钮,或执行菜单命令"Place\Pan"。

② 光标变为十字形，光标中心带一个焊盘。将光标移到放置焊盘的位置，单击鼠标左键，便放置了一个焊盘。

注意：焊盘中心有序号。

③ 此时光标仍处于命令状态，可继续放置焊盘。单击鼠标右键或双击鼠标左键，可结束命令状态。

(2) 设置焊盘的属性方法：在放置焊盘的过程中按下"Tab"键，或用鼠标左键双击放置好的焊盘，均可弹出焊盘属性对话框，如图 12-4 所示，在焊盘属性对话框中设置焊盘形状及尺寸等。

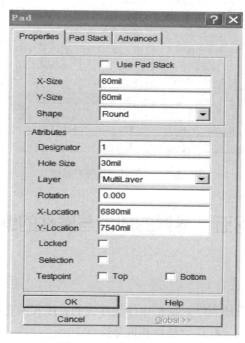

图 12-4　焊盘属性对话框

练习四　过孔的放置与属性的编辑

实训内容

放置过孔，仔细观察焊盘与过孔的区别，并注意过孔与焊盘所在层的区别。

操作提示

(1) 放置过孔的步骤：

① 单击如图 12-1 所示放置工具栏中的 按钮，或执行菜单命令"Place\Via"。

② 光标变成十字形，将光标移到放置过孔的位置，单击鼠标左键，放置一个过孔。

③ 此时可继续放置其他过孔，或单击鼠标右键退出命令状态。

(2) 过孔属性的设置方法：在放置过孔的过程中按下"Tab"键，或用鼠标左键双击已放置好的过孔，将弹出过孔属性设置对话框，如图 12-5 所示。

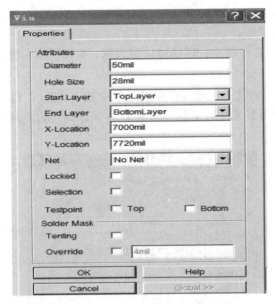

图 12-5　过孔属性设置对话框

练习五　导线的放置与属性的编辑

实训内容

(1) 放置导线，并在导线属性对话框中修改导线的宽度和所在的层，观察其变化情况。

(2) 对一条已放置好的导线进行移动和拆分操作。

(3) 将一条导线放置在顶层和底层，注意添加的过孔和导线颜色的变化。

操作提示

(1) 放置导线的操作步骤：

① 单击放置工具栏中的 ⌐ 或 ≋ 按钮，也可以执行菜单命令"Place\Line"或"Place\Interactive Routing"(交互式布线)，放置导线。用小键盘上的"*"键可切换导线放置层。

② 导线的模式转换：在绘制导线的过程中，可以用"Shift + 空格键"来切换导线的模式。系统提供了六种导线的放置模式，如图 12-6 所示。

(a) 45°转角　　(b) 平滑圆弧　　(c) 90°转角　　(d) 45°圆弧转角　　(e) 任意角转角　　(f) 45°圆弧转角

图 12-6　导线的六种模式

另外，在放置导线的过程中，可以使用空格键来切换导线的方向，如图 12-7 所示。

(a) 切换前　　　　　　　(b) 切换后

图 12-7　导线的切换操作对比

(2) 设置导线的参数：在放置导线的过程中按下"Tab"键，弹出"Interactive Routing"(交互式布线)属性设置对话框，在该对话框中设置导线的宽度、导线所在层和过孔的内外径尺寸，如图 12-8 所示。

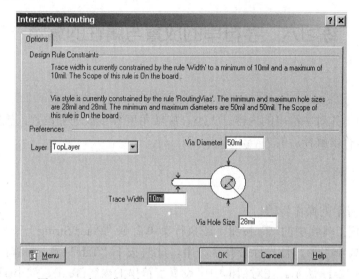

图 12-8　交互式布线(Interactive Routing)属性设置对话框

(3) 对放置好的导线进行编辑：

① 用鼠标左键单击已放置好的导线，如图 12-9(a)所示，导线上有一条高亮线并带有三个高亮方块。

② 用鼠标左键单击导线两端任一高亮方块，光标变成十字形，如图 12-9(b)所示。移动光标可任意拖动导线的端点，导线的方向也会被改变。

③ 用鼠标左键单击导线中间的高亮方块，光标变成十字形。移动光标可任意拖动导线，此时直导线变成了折线，如图 12-9(c)所示。

④ 直导线变成折线后，将光标移到折线的任一段上，按住鼠标左键不放并移动它，该线段被移开，原来的一条导线就变成了两条导线，如图 12-9(d)所示。

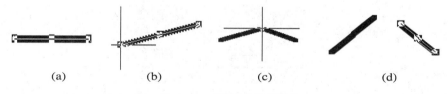

(a)　　　　　　(b)　　　　　　(c)　　　　　　(d)

图 12-9　对导线的编辑操作

(4) 切换导线的层：

① 在顶层放置一条导线，在默认状态下，导线的颜色为红色。

② 在需换层位置处，按下小键盘的"*"键，便会发现当前层变成了底层，并在该处自动添加了一个过孔，单击鼠标左键，确定过孔的位置。

③ 继续移动光标放置导线，在默认状态下，导线的颜色变成了蓝色，如图 12-10 所示。

图 12-10　将一条导线放置在两个信号层上

练习六　字符串的放置与属性的编辑

实训内容

放置字符串，并对字符串的内容、大小、旋转角度等参数进行设置。放置特殊字符串，并显示对特殊字符串解释后的内容。

操作提示

(1) 放置字符串的操作步骤：

① 单击放置工具栏中的 **T** 按钮，或执行菜单命令"Place\String"。

② 光标变成十字形，且光标带有字符串，此时按下"Tab"键，将弹出字符串属性设置对话框，如图 12-11 所示。在对话框中可设置字符串的内容(Text)、大小(Height、Width)、字体(Font，有三种字体)、字符串的旋转角度(Rotation)和是否镜像(Mirror)等参数。

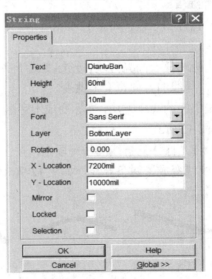

图 12-11　字符串属性设置对话框

③ 设置完毕后，单击"OK"按钮，将光标移到相应的位置，单击鼠标左键确定，完成一次放置操作。

④ 此时光标还处于命令状态，可继续放置，或单击右键结束命令状态。

(2) 字符串属性设置：放置字符串后，用鼠标左键双击字符串，将弹出字符串属性设置对话框，如图 12-11 所示。

(3) 字符串的选取、移动和旋转操作：

① 字符串的选取操作：用鼠标左键单击字符串，该字符串就处于选取状态，在字符串的左下方出现一个"＋"号，而在右下方出现一个小圆圈。

② 字符串的移动操作：拖动字符串即可达到移动的目的。

③ 字符串的旋转操作：首先选取字符串，然后用鼠标左键单击一下右下方的小圆圈，字符串变为细线显示模式，旋转光标，该字符串就会以"＋"号为中心作任意角度的旋转，如图 12-12 所示。

(a) 旋转前   (b) 旋转后

图 12-12 字符串的选取与旋转操作

另外，用鼠标左键按住字符串不放，同时按下键盘上的"X"键，字符串进行左右翻转；按下"Y"键，字符串进行上下翻转；按下空格键，字符串进行逆时针旋转操作。

(4) 观察解释后的字符串内容：执行菜单命令"Tools\Preferences"，打开"Preferences"对话框，切换到"Display"选项卡，然后选取"Convert Special Strings"复选框即可。如可以放置特殊字符串."Print_Date"，观察显示情况。

练习七   填充的放置与属性的编辑

实训内容

分别放置矩形填充和多边形平面填充，并比较这两种填充的区别。

操作提示

(1) 放置矩形填充的操作步骤：

① 单击放置工具栏中的 ▨ 按钮，或执行菜单命令"Place\Fill"。

② 光标变为十字形，将光标移到放置矩形填充的位置，单击鼠标左键，确定矩形填充的第一个顶点，然后拖动鼠标，拉出一个矩形区域，再单击鼠标左键，完成一个矩形填充的放置。

③ 此时可继续放置矩形填充，或单击鼠标右键结束命令状态。

(2) 设置矩形填充的属性：在放置矩形填充的过程中，按下"Tab"键，将弹出矩形填充的属性对话框，在该对话框中对主要的参数进行设置。

(3) 放置多边形填充的操作步骤：

① 单击放置工具栏中的 ▨ 按钮，或执行菜单命令"Place\Polygon Plane"。

② 弹出多边形平面填充的属性设置对话框，如图 12-13 所示。在对话框中设置相关参数后单击"OK"按钮，光标变成十字形，进入放置多边形填充状态。

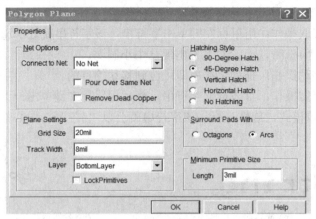

图 12-13　多边形属性设置对话框

③ 在多边形的每个拐点处单击鼠标左键，然后单击右键，系统自动将多边形的起点和终点连接起来，构成多边形平面并完成填充。

(4) 设置多边形平面填充的属性：在如图 12-13 所示的多边形属性设置对话框中，在"Hatching Style"区域有五种不同的填充格式选择，如图 12-14 所示。在"Surround Pads With"区域有两种多边形平面填充环绕焊盘方式，如图 12-15 所示。

(a) 90°格子　(b) 45°格子　(c) 垂直格子　(d) 水平格子　(e) 无格子

图 12-14　多边形平面填充格式

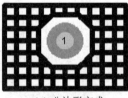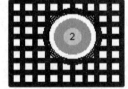

(a) 八边形方式　　　　　(b) 圆弧方式

图 12-15　多边形平面填充环绕焊盘的方式

练习八　圆弧和圆的放置与属性的编辑

实训内容

练习三种放置圆弧的方法和一种放置圆的方法，并对圆弧或圆的属性进行编辑。

操作提示

(1) 边缘法绘制圆弧：

① 单击放置工具栏中的 ⌒ 按钮，或执行菜单命令"Place\Arc (Edge)"。

② 光标变成十字形，单击鼠标左键，确定圆弧的起点。再移动光标到适当的位置，单击鼠标左键，确定圆弧的终点。然后单击鼠标右键，完成一段圆弧的绘制，如图 12-16 所示。

(2) 中心法绘制圆弧：

① 单击放置工具栏中的 ⌒ 按钮，或执行菜单命令"Place\Arc(Center)"。

② 光标变成十字形，单击鼠标左键，确定圆弧的中心。移动光标拉出一个圆形，单击鼠标左键，确定圆弧的半径。

③ 沿圆移动光标，在圆弧的起点和终点处分别单击鼠标左键进行确定。

④ 单击鼠标右键，结束命令状态，完成一段圆弧的绘制，如图 12-17 所示。

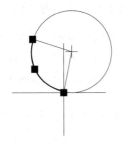 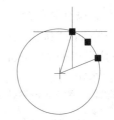

图 12-16　边缘法绘制圆弧　　　　图 12-17　中心法绘制圆弧

(3) 角度旋转法绘制圆弧：

① 单击放置工具栏中的 ⌒ 按钮，或执行菜单命令"Place\Arc(Any Angle)"。

② 光标变成十字形，单击鼠标左键，确定圆的起点，再移动光标到适当的位置，单击鼠标左键，确定圆弧的圆心，这时光标跳到圆的右侧水平位置，沿圆移动光标，在圆弧的起点和终点处分别单击鼠标左键进行确定。

③ 单击鼠标右键，结束命令状态，完成一段圆弧的绘制。

(4) 绘制圆：

① 单击放置工具栏中的 ⊙ 按钮，或执行菜单命令"Place\Full Circle"。

② 光标变成十字形，单击鼠标左键，确定圆的圆心，再移动光标，拉出一个圆，单击鼠标左键确认。

③ 单击鼠标右键，结束命令状态，完成一个圆的绘制。

(5) 编辑圆弧或圆：在绘制圆弧或圆的状态下，按"Tab"键，或用鼠标左键双击绘制好的圆弧或圆，系统将弹出圆弧(圆)属性设置对话框，如图 12-18 所示，对圆弧或圆的参数进行设置。

图 12-18　圆弧(圆)属性设置对话框

练习九　单层电路板的建立

实训内容

定义一块宽为 500 mil，长为 1000 mil 的单层电路板，要求在禁止布线层和机械层画出板框，在机械层标注尺寸。

操作提示

(1) 建立设计数据库，然后执行菜单命令"File\New"，在弹出的窗口中选择"PCB Document"　图标，如图 1-3 所示，建立以"PCB1.PCB"为默认名的电路板文件。

(2) 建立单层板：执行菜单命令"Design\Layer Stack Manager"，在弹出窗口(如图 12-19 所示)的左下角单击"Menu"按钮，在弹出的菜单中选择"Example Layer Stack\Single Layer"，这时电路板顶层变成元件面(Component Side)，而底层变为焊接面(Solder Side)。PCB 文档的底部电路板层如图 12-20 所示。

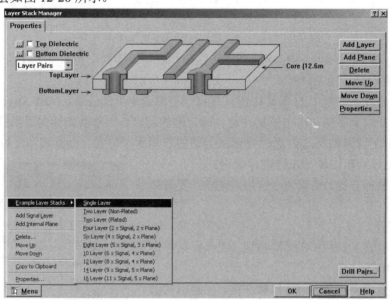

图 12-19　板层设置对话框

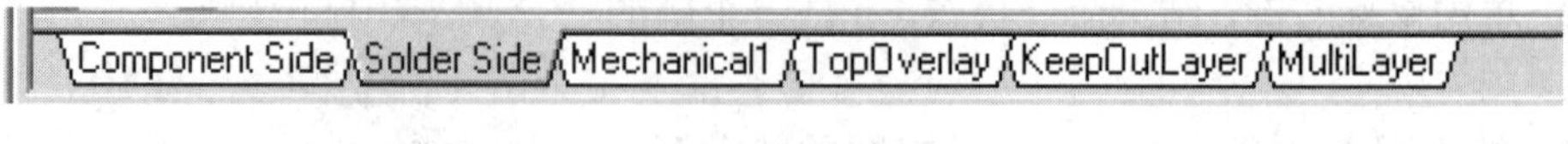

\Component Side \Solder Side \Mechanical1 \TopOverlay \KeepOutLayer \MultiLayer\

图 12-20　板层显示

(3) 设置坐标原点：执行菜单命令"Edit\Origin\Set"，在屏幕中设置原点。

(4) 规划电路板尺寸：用鼠标单击电路板设计环境底部的机械层(Mechanical 1)标签，在英文输入状态下，依次按键盘上的 P-T(L)-J-L 键，在出现的对话框(Jump To Location)中输入

X、*Y* 坐标大小：(0，0)、(1000，0)、(1000，500)、(0，500)，每输入一次，鼠标自动跳到指定的坐标位置，此时双击鼠标左键，确定该点的位置。

(5) 设置布线范围：用鼠标单击电路板设计环境底部的禁止层(KeepOut Layer)标签，然后使用画线工具或菜单命令"Place\Line"，在机械层上所画的框中画一个与边框距离为 10 mil 的框。

(6) 标注尺寸：将当前层转换成机械层，单击放置工具栏的 ［图标］ 按钮，或使用尺寸放置工具，放置尺寸线和尺寸。

练习十　双层电路板的建立

实训内容

试定义一块宽为 100 mm、长为 200 mm 的双面电路板。要求在禁止布线层和机械层画出电路板板框，在机械层标注尺寸。

操作提示

(1) 建立设计数据库，然后执行菜单命令"File\New"，在弹出的窗口中选择"PCB Document"图标，如图 1-3 所示，建立以"PCB1.PCB"为默认名的电路板文件。

(2) 更换测量单位：执行菜单命令"View\Toggle Units"，将英制单位转换成公制单位，或执行菜单命令"Design\Options"，在弹出如图 11-4 所示窗口的"Options"页面的"Measurement Unit"中更改测量单位。

(3) 设置坐标原点：执行菜单命令"Edit\Origin\Set"，在屏幕中设置原点。

(4) 规划电路板尺寸：用鼠标单击电路板设计环境底部的机械层(Mechanical 1)标签，然后使用画线工具或菜单命令"Place\Line"以设置的原点为左下角，在屏幕上画一个宽为 100 mm、长为 200 mm 的框(观察状态栏坐标的变化)。

(5) 设置布线范围：用鼠标单击电路板设计环境底部的禁止层(KeepOut Layer)标签，使用画线工具或菜单命令"Place\Line"，在机械层上所画的框中画一个与边框距离为 1 mm 的框。

(6) 标注尺寸：将当前层转换成机械层，单击放置工具栏中的 ［图标］ 按钮，或使用尺寸放置工具，放置尺寸线和尺寸。

练习十一　封装库的调入及元件封装的放置

实训内容

调入"Miscellaneous.Lib"封装库，并从中选择电阻封装(AXIAL0.3)、二极管封装(DIODE0.4)、连接器封装(POWER-4 和 SIP4)、电容封装(RAD0.1 和 RB.2/.4)、可变电阻封

装(VR-1)和石英晶体封装(XTAL1)，把这些封装放置到电路板图上。

操作提示

(1) 在电路板浏览管理器中，选择"Browse PCB"页面，在该页面的"Browse"区域的下拉框中选择"Libraries"，然后单击"Add/Remove"按钮加载元件封装库"Miscellaneous.Lib"，如图 11-1 所示。

(2) 选择元件，单击"Place"按钮，将元件封装放置到电路板图上，如图 12-21 所示。

图 12-21　元件放置窗口

练习十二　布 线 设 置

实训内容

定义一块双面板，尺寸为"1000 mil × 1000 mil"，在电路板上放置封装 DIP-8 和 DIP-14，在电路板顶层画铜膜线将 DIP-8 的 1、2、3 脚和 DIP-14 的 1、2、3 脚分别连接起来。再画一根连接 DIP-8 封装 7 脚的连线，然后更换板层，将该线连接到 DIP-14 封装的 8 脚，观察过孔在连线中的作用。并将其中的一条铜模线的宽度修改为 1 mm。

操作提示

(1) 定义电路板的方法同练习九，放置元件的方法同练习十一。

(2) 画铜膜线：单击放置工具栏中的 、 按钮，或执行菜单命令"Place\Interactive Routing"画线，注意使用"Shift + 空格键"更换走线方式。

(3) 使用小键盘上的星号键"*"在顶层和底层之间切换，如图 12-10 所示。

(4) 更换测量单位：执行菜单命令"View\Toggle Units"，将英制单位转换成公制单位。

(5) 设置最大最小线宽：在 PCB 设计环境中，执行菜单命令"Design\Rules"，再选择"Routing"页面，在规则选择下拉列表框(Rule Classes)中选择"Width Constraint"规则，如图 12-22 所示，然后单击窗口底部的"Properties"按钮，弹出如图 12-23 所示的对话框，设置最小、最大线宽分别为 0.1 mm、3 mm。只有这样设置，才能按照需要在 0.1～3 mm 之间修改线宽。

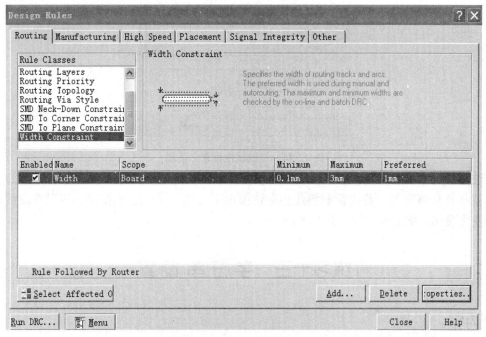

图 12-22　布线规则设置对话框

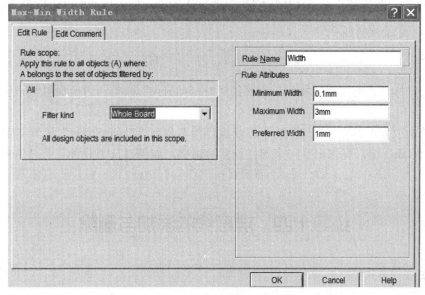

图 12-23　布线宽度设置对话框

(6) 修改线的宽度：画线过程中按"Tab"键，或画完线后双击要修改的导线，将弹出如图 12-24 所示的对话框，在该对话框中可修改线宽。

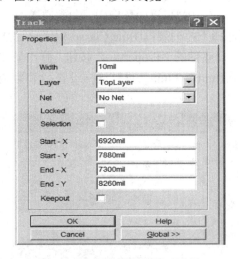

图 12-24　导线属性设置对话框

注意：观察修改属性和放置铜膜线的次序。(在放置前修改铜膜线宽度，以后放置的铜膜线就都具有该宽度。若放置铜膜线到电路板图上之后再修改它的宽度，则只有该线段的宽度发生变化，除非使用属性全局修改功能。)

练习十三　字符串设置

实训内容

在练习十二的基础之上，在顶层的丝印层写入文字"This is my first PCB"，注意使用 15 号字。

操作提示

(1) 用鼠标单击电路板环境窗口底部的"TopOverlay"标签，切换顶层丝印层为当前工作层。

(2) 单击放置工具栏中的 T 按钮，或执行菜单命令"Place\String"放置文字。放下之前，按下"Tab"键，将弹出字符串属性设置对话框，如图 12-11 所示，在"Text"区域输入文字。

练习十四　屏蔽线的添加与删除

实训内容

在练习十二设计的电路板上为已有的焊盘和铜膜线添加、删除屏蔽线。

操作提示

(1) 添加屏蔽线。

① 执行菜单命令 "Edit\Select\Connected Copper"，选择需要添加屏蔽的导线。

② 执行菜单命令 "Tool\Outline Selected Objects"，即可在所选择导线的周围添加上屏蔽线，如图 12-25 所示。

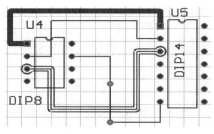

图 12-25　添加屏蔽线

(2) 删除屏蔽线。

① 执行菜单命令 "Edit\Select\Connected Copper"，选择需要删除的屏蔽线。

② 执行菜单命令 "Edit\Clear"，即可将所选的屏蔽线删除。

练习十五　泪滴的添加与删除

实训内容

在选择的电气对象上增加泪滴。要求对被选择的焊盘和连接它们的导线增加线形泪滴。

操作提示

(1) 执行菜单命令 "Tools\Teardrops\Add"，屏幕弹出泪滴设置对话框，如图 12-26 所示。

(2) 在该窗口的 "General" 区域选择 "All Pads、All Vias" 和 "Selected Objects Only" 选项，在 "Action" 区域选择 "Add" 选项，在 "Teardrop Style" 区域选择 "Track" 选项，然后单击 "OK" 按钮，即可完成如图 12-27 所示的泪滴效果。

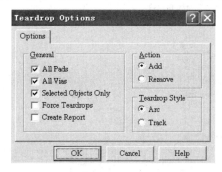

图 12-26　泪滴设置对话框

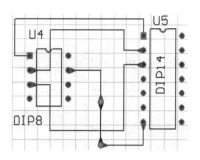

图 12-27　泪滴效果

(3) 删除泪滴：执行菜单命令"Tools\Teardrops\Remove"，在弹出的如图 12-26 所示的对话框中选择"Remove"选项即可。

练习十六　阵列粘贴

实训内容

将八个电阻分别按照圆形和线形的方式阵列粘贴到电路板图上。

操作提示

(1) 在图中放置一个电阻，选中该电阻，然后使用菜单命令"Edit\Cut"，将电阻放到剪贴板中。

(2) 执行菜单命令"Edit\Paste Special"，在弹出的窗口中单击"Paste Array"按钮，弹出如图 12-28 所示的阵列粘贴设置对话框。

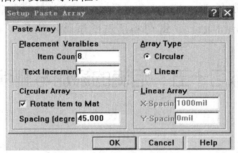

图 12-28　阵列粘贴设置对话框

(3) 设置粘贴的方式：在"Placement Variables"区域设置"Item Count"为"8"，在"Array Type"区域设置粘贴的方式(圆形或
线形)。

(4) 圆形阵列粘贴：在需要粘贴的位置单击鼠标左键，确定阵列的圆心，移动鼠标确定阵列圆的半径。圆形阵列粘贴效果如图 12-29 所示。

(5) 线性阵列：在阵列粘贴设置对话框中选择"Linear"选项，在"Linear Array"区域设置 X、Y 方向的间距。线形阵列粘贴效果如图 12-30 所示。

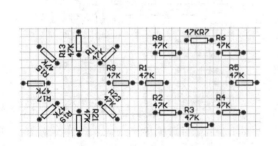

图 12-29　圆形阵列粘贴效果

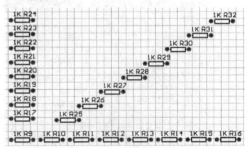

图 12-30　线性阵列粘贴效果

实训十三　PCB 设计——手工布局与布线

实训目的

(1) 掌握 PCB 板层的设置方法与电路板尺寸大小的确定方法。

(2) 学会 PCB 元件封装库的加载、卸载方法。

(3) 掌握元件的放置方法与手工布局要点。

(4) 掌握手工布线的方法。

实训设备

电子 CAD 软件 Protel 99 SE、PC 机。

练习一　门铃电路的 PCB 设计

实训内容

根据图 13-1(a)所示电气原理图，手工绘制一块单层电路板图。电路板长 1450 mil，宽 1140 mil。图中电路元件说明如表 13-1 所示。参照图 13-1(b)进行手工布局，其中按钮 S、电源和扬声器 SP 等元件要外接，需在电路板上放置焊盘。布局后在底层进行手工布线，布线宽度为 20 mil。布线结束后，进行字符调整，并为按钮、电源和扬声器添加标识字符。

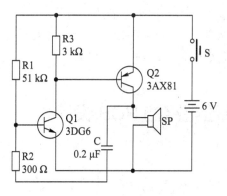

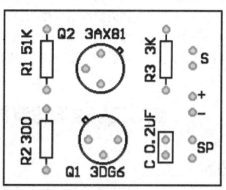

(a)　电气原理图　　　　　　　　　　　　(b)　参考布局图

图 13-1　门铃电路的电气原理图与参考布局图

表 13-1　电路元件明细表

元件名称	元件标号	元件所属 SCH 库	元件封装	元件所属 PCB 库
RES2	R1	Miscellaneous Devices.ddb	AXIAL0.4	Advpcb.ddb
RES2	R2	Miscellaneous Devices.ddb	AXIAL0.4	Advpcb.ddb
RES3	R3	Miscellaneous Devices.ddb	AXIAL0.4	Advpcb.ddb
CAP	C	Miscellaneous Devices.ddb	RAD0.1	Advpcb.ddb
NPN	Q1	Miscellaneous Devices.ddb	TO-5	Advpcb.ddb
PNP	Q2	Miscellaneous Devices.ddb	TO-5	Advpcb.ddb

操作提示

(1) 建立设计数据库，然后执行菜单命令 "File\New"，在弹出的窗口中选择 "PCB Document"

 图标，如图 1-3 所示，建立以 "PCB1.PCB" 为默认名的电路板文件。

(2) 执行菜单命令 "Design\Options"，设置第二显示栅格为 "100 mil"，第一显示栅格不选；设置捕捉栅格 X 方向为 "10 mil"、Y 方向为 "10 mil"；设置电气栅格的范围为 "8 mil"。

(3) 设置坐标原点：执行菜单命令 "Edit\Origin\Set"，在屏幕中设置相对坐标原点。

(4) 画板框大小：用鼠标单击电路板设计环境底部的机械层(Mechanical 1)标签，在英文输入状态下，依次按键盘上的 P-L(T)-J-L 键，在出现的对话框(Jump To Location)中输入 X、Y 坐标大小：(0，0)、(1450，0)、(1450，1140)、(0，1140)，每输入一次，鼠标自动跳到指定的坐标位置，此时双击鼠标左键，确定该点的位置。

(5) 画布线范围：用鼠标单击电路板设计环境底部的禁止层(KeepOutLayer)标签，用画线工具或菜单命令 "Place\Line" 在禁止布线层画一个与边框距离为 50 mil 的框。

(6) 在浏览管理器中，单击 "Add\Remove" 按钮，加载元件封装库 "Advpcb.ddb"，放置元件。

(7) 调整元件的布局：按 X、Y 键或空格键。

(8) 在底层连线，并调整线的宽度为 20 mil，参考实训十二的练习五。

(9) 放置按钮、电源和扬声器焊盘。参考实训十二的练习三。

(10) 单击放置工具栏中的 $\boxed{\text{T}}$ 按钮，放置文字标注(S、+、-、SP)。

练习二　整流滤波稳压电路的 PCB 设计

实训内容

根据图 13-2(a)所示电气原理图，手工绘制一块单层电路板图。图中电路元件说明如表 13-2 所示。电路板长 1700 mil，宽 850 mil，加载 "Advpcb.ddb" 和 "International Rectifiers.ddb"

元件封装库。参照图 13-2(b)进行手工布局，其中交流输入和直流输出要对外引线，需在电路板上放置焊盘。布局后在底层进行手工布线，布线宽度为 30 mil，且对全部焊盘进行补泪滴。布线结束后，进行字符调整，并为电源的输入输出添加标识字符。

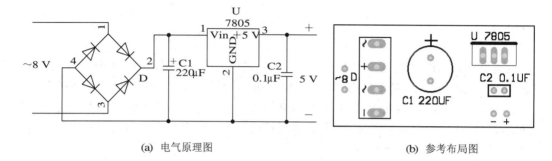

(a) 电气原理图　　　　　　　　　　　　　　　(b) 参考布局图

图 13-2　整流滤波稳压电路的电气原理图与参考布局图

表 13-2　电路元件明细表

元件名称	元件标号	元件所属 SCH 库	元件封装	元件所属 PCB 库
BRIDG1	D	Miscellaneous Devices.ddb	D-37	International Rectifiers.ddb
ELECTR01	C1	Miscellaneous Devices.ddb	RB.2/.4	Advpcb.ddb
CAP	C2	Miscellaneous Devices.ddb	RAD0.1	Advpcb.ddb
MC7806T	U	Protel DOS Schematic Libraries.ddb	TO-220	International Rectifiers.ddb

操作提示

(1)～(3)同练习一操作提示(1)～(3)。

(4) 画板框：用鼠标单击电路板设计环境底部的禁止层(KeepOutLayer)标签，然后使用画线工具或菜单命令"Place\Line"画电路板边界。也可在英文输入状态下，依次按键盘上的 P-L(T)-J-L 键，在出现的对话框(Jump To Location)中输入 X、Y 坐标大小：(0，0)、(1700，0)、(1700，850)、(0，850)、(0，0)，每输入一次，鼠标自动跳到指定的坐标位置，此时双击鼠标左键，确定该点的位置，画出电路板边界。

(5) 单击浏览管理器中的 Add/Remove 按钮，加载元件封装库 Advpcb.ddb、International Rectifiers.ddb，放置元件。

(6) 调整元件的布局：按 X、Y 键或空格键。

(7) 在底层连线，并调整线的宽度为 30 mil，参考实训十二的练习五。

(8) 对全部焊盘进行补泪滴：执行菜单命令"Tools\Teardrops"，在弹出的"Teardrop Options"对话框中，在"General"区域选择"All Pads"，在"Action"区域选择"Add"，在"Teardrops Style"区域选择"Arc"或"Track"，单击"OK"按钮即可。

(9) 放置电源焊盘。参考实训十二的练习三。

(10) 单击放置工具栏中的 T 按钮，在电源焊盘处放置文字标注。

练习三　单管放大器电路的 PCB 设计

实训内容

　　根据图 13-3(a)所示电气原理图，手工绘制一块单层电路板图。图中电路元件说明如表 13-3 所示。电路板长 2000 mil，宽 1800 mil。参照图 13-3(b)进行手工布局。调整布局后在底层进行手工布线，其中 +12 V 网络和 GND 网络布线宽度为 30 mil，其他布线宽度为 15 mil。布线结束后，调整元件标注字符的位置，使其整齐美观，并在元件 JP 的 1、3、5 脚旁分别添加 +12 V、IN 和 OUT 三个字符串。

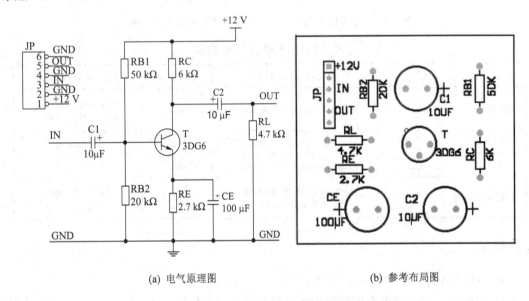

　　　　　　(a) 电气原理图　　　　　　　　　　　　　(b) 参考布局图

图 13-3　单管放大器电路的电气原理图与参考布局图

表 13-3　电路元件明细表

元件名称	元件标号	元件所在 SCH 库	元件封装	元件所属 PCB 库
RES2	RB1	Miscellaneous Devices.ddb	AXIAL0.4	Advpcb.ddb
RES2	RB2	Miscellaneous Devices.ddb	AXIAL0.4	Advpcb.ddb
RES2	RE、RC、RL	Miscellaneous Devices.ddb	AXIAL0.4	Advpcb.ddb
ELECTR01	C1、C2、CE	Miscellaneous Devices.ddb	RB.2/.4	Advpcb.ddb
NPN	T	Miscellaneous Devices.ddb	TO-5	Advpcb.ddb
HEADER 6	JP	Miscellaneous Devices.ddb	SIP6	Advpcb.ddb

操作提示

　　同练习一操作提示。

练习四 振荡电路的 PCB 设计

实训内容

设计图 13-4 所示振荡电路的电路板,图中电路元件说明如表 13-4 所示。设计要求如下:

(1) 使用单层电路板,电路板尺寸为 "2000 mil × 1500 mil"。

(2) 电源、地线铜膜线的宽度为 50 mil,其外接端口用焊盘表示。

(3) 一般布线的宽度为 25 mil。

(4) 布线时考虑只能单层走线。

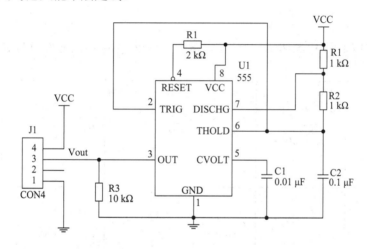

图 13-4 振荡电路

表 13-4 电路元件明细表

Designator	Part Type	Footprint
C2	0.1 μF	RAD0.1
C1	0.01 μF	RAD0.1
R2、R3	1 kΩ	AXIAL0.3
R1	2 kΩ	AXIAL0.3
R4	10 kΩ	AXIAL0.3
U1	555	DIP-8
J1	CON4	SIP-4

操作提示

(1) 建立单层板:执行菜单命令 "Design\Layer Stack Manager",在弹出如图 12-19 所示窗口的左下角单击 "Menu" 按钮,在弹出的菜单中选择 "Example Layer Stack\Single Layer"

选项，这时电路板顶层变成元件面(Component Side)，而底层变为焊接面(Solder Side)。

(2) 加载元件封装库，放置元件。

(3) 更改最大线宽值：执行菜单命令"Design\Rules"，在弹出的窗口中选择"Routing"页面。在该页面的"Rule Classes"下拉框中，选择"Width Constraint"规则，如图 12-22 所示。单击该规则窗口中的"Properties"按钮，屏幕弹出如图 12-23 所示的设置对话框，在该对话框中将"Maximum Width"设置为"100 mil"。

(4) 在焊接面层(Solder Side)连线。

练习五　正负电源电路的 PCB 设计

实训内容

正负电源电路如图 13-5 所示，设计该电路的电路板。图中电路元件说明如表 13-5 所示。

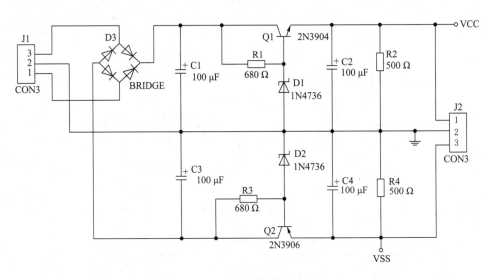

图 13-5　正负电源电路

表 13-5　电路元件明细表

Designator	Part Type	Footprint
D1、D2	1N4736	DIODE-0.4
Q1	2N3904	TO220V
Q2	2N3906	TO220V
C1~C4	100 μF	RB-.3/.6
R2、R4	500 Ω	AXIAL0.4
R1、R3	680 Ω	AXIAL0.4
D3	BRIDGE	FLY-4
J1、J2	CON3	SIP-3

设计要求如下:

(1) 使用单层电路板,电路板尺寸为"3000 mil × 2000 mil"。

(2) 电源、地线的铜膜线宽度为 40 mil。其外接端口用焊盘表示。

(3) 一般布线的宽度为 20 mil。

(4) 布线时只能单层走线。

操作提示

(1) 设置电路板有关参数:参照实例十一练习五。

(2) 在禁止布线层(KeepOutLayer)规划电路板大小。

(3) 设置布线规则:执行菜单命令"Design\Rules",然后在弹出的窗口中选择"Routing"页面。

(4) 在"Rule Classes"下拉框中,选择"Width Constraint"规则,然后单击该规则窗口中的"Properties"按钮,屏幕弹出设置窗口,在该窗口中将"Maximum Width"设置为"100 mil",如图 12-22、图 12-23 所示。

(5) 布线:在底层布线。

练习六　车内灯延时电路的 PCB 设计

实训内容

车内灯延时电路如图 13-6 所示,设计该电路的电路板。图中电路元件说明如表 13-6 所示。

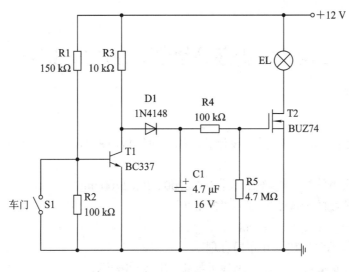

图 13-6　车内灯延时电路

表 13-6　电路元件明细表

Designator	Part Type	Footprint
C1	4.7 μF	RB-.2/.4
R1	150 kΩ	AXIAL0.4
R2、R4	100 kΩ	AXIAL0.4
R3	10 kΩ	AXIAL0.4
D1	1N4148	DIODE0.4
T1	BC337	TO-5
T2	BUZ74	TO-220
EL	LAMP	AXIAL0.4

设计要求如下：

(1) 使用双层电路板，电路板尺寸为 2200 mil × 2000 mil。

(2) 电源、地线的铜膜线宽度为 25 mil。

(3) 一般布线的宽度为 20 mil。

(4) 手工放置元件封装，并布局美观。

(5) 手工连接铜膜线。电源、地线外接端口用焊盘表示。

(6) 布线时考虑顶层和底层都走线，顶层走水平线，底层走垂直线。

操作提示

(1)～(4)同练习五操作提示(1)～(4)。

(5) 布线：执行菜单命令"Place\Interactive Routing"(交互式布线)或单击放置工具栏中的 ![按钮] 按钮，放置导线。顶层走水平线，底层走垂直线，利用键盘上的"*"键切换上下层走线。

练习七　振荡分频电路的 PCB 设计

实训内容

振荡分频电路如图 13-7 所示，设计该电路的电路板。图中电路元件说明如表 13-7 所示。设计要求如下：

(1) 使用双层电路板，电路板尺寸为"2200 mil × 1700 mil"。

(2) 电源、地线的铜膜线宽度为"25 mil"。

(3) 一般布线的宽度为"20 mil"。

(4) 手工放置元件封装，并布局合理。

(5) 手工连接铜膜线。电源、地线外接端口用焊盘表示。

(6) 布线时考虑顶层和底层都走线，顶层走水平线，底层走垂直线。

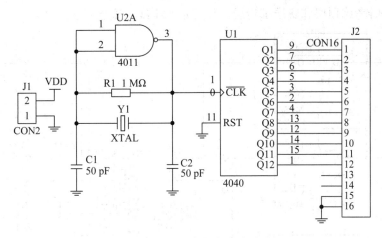

图 13-7　振荡分频电路

表 13-7　电路元件明细表

Designator	Part Type	Footprint
C1、C2	50 pF	RAD-0.1
R1	1 MΩ	AXIAL0.3
U2	4011	DIP-14
U1	4040	DIP-16
J1	CON2	SIP-2
J2	CON16	SIP-16
Y1	XTAL	SIP-2

操作提示

同练习六操作提示。

练习八　计数译码电路的 PCB 设计

实训内容

计数译码电路如图 13-8 所示，设计该电路的电路板。图中电路元件说明如表 13-8 所示。设计要求如下：

(1) 使用双层电路板，电路板尺寸为"2600 mil × 2100 mil"。

(2) 电源、地线的铜膜线宽度为"25 mil"。

(3) 一般布线的宽度为"10 mil"。

(4) 手工放置元件封装，并布局美观。

(5) 手工连接铜膜线。电源、地线外接端口用焊盘表示。

(6) 布线时考虑顶层和底层都走线，顶层走水平线，底层走垂直线。

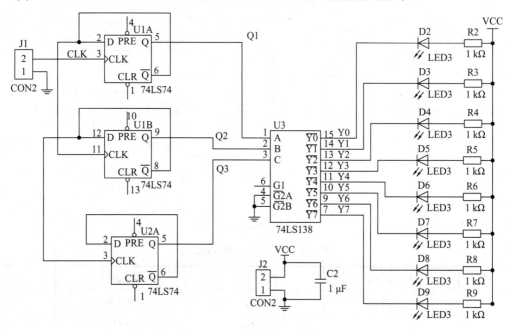

图 13-8 计数译码器电路

表 13-8 电路元件明细表

Designator	Part Type	Footprint
R2～R9	1 kΩ	AXIAL0.3
C2	1 μF	RAD0.1
U1、U2	74LS74	DIP-14
U4	74LS138	DIP-16
J1、J2	CON2	SIP-2
D2～D9	LED3	DIODE-0.4

操作提示

同练习六操作提示。

练习九 8051 内部定时器电路的 PCB 设计

实训内容

8051 内部定时器电路如图 13-9 所示，设计该电路的电路板。图中电路元件说明如表 13-9 所示。设计要求如下：

(1) 使用双层电路板，电路板尺寸为"2500 mil × 3700 mil"。

(2) 电源、地线的铜膜线宽度为 25 mil。

(3) 一般布线的宽度为 10 mil。

(4) 手工放置元件封装，将 X1、C1、C2 与 U1 就近放置，并布局美观。

(5) 手工连接铜膜线。电源、地线外接端口用焊盘表示。

(6) 布线时考虑顶层和底层都走线，顶层走水平线，底层走垂直线。

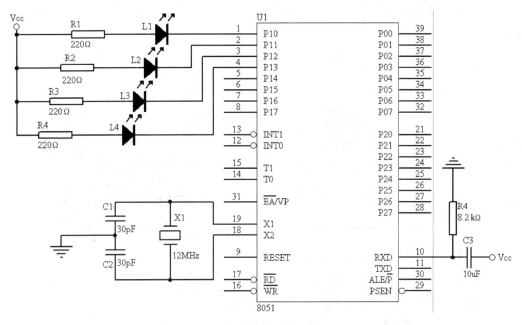

图 13-9　8051 内部定时器电路

表 13-9　电路元件明细表

Designator	Part Type	Footprint
U1	8051	DIP40
R1～R4	220Ω	AXIAL0.3
R5	8.2kΩ	AXIAL0.3
C1、C2	30 pF	RAD0.1
C3	10 uF	RAD0.1
L1～L4	LED	DIODE0.4
X1	12MHz	XTAL1

操作提示

(1) 先放置 U1(8051)元件。

(2) 将 X1、C1、C2 与 U1 就近放置。

(3) 其他元件封装放置及连线同练习六操作提示。

练习十　简易秒表计时电路的 PCB 设计

实训内容

简易秒表计时电路如图 13-10 所示，设计该电路的电路板。图中电路元件说明如表 13-10 所示。

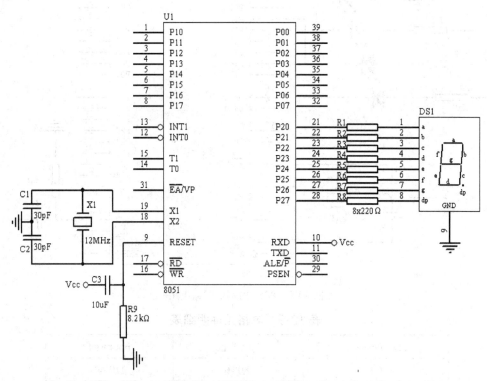

图 13-10　简易秒表计时电路

表 13-10　电路元件明细表

Designator	Part Type	Footprint
U1	8051	DIP40
R1～R8	220 Ω	AXIAL0.3
R9	8.2 kΩ	AXIAL0.3
C1、C2	30 pF	RAD0.1
C3	10 μF	RAD0.1
DS1	七段数码管	DIP10
X1	12MHz	XTAL1

设计要求如下：

(1) 使用双层电路板，电路板尺寸为"3300 mil × 2600 mil"。

(2) 电源、地线的铜膜线宽度为 25 mil。

(3) 一般布线的宽度为 10 mil。

(4) 手工放置元件封装，将 X1、C1、C2 与 U1 就近放置，并布局美观。

(5) 手工连接铜膜线。电源、地线外接端口用焊盘表示。

操作提示

同练习九操作提示。

实训十四　PCB 设计——自动布局与布线

实训目的

(1) 掌握 PCB 板层的设置方法与电路板尺寸大小的确定方法。

(2) 学会使用向导生成电路板(只能生成双层板)。

(3) 学会 PCB 元件封装库的加载、卸载方法。

(4) 掌握网络表的加载方法，对网络表宏信息中出现的错误能够理解与修改。

(5) 掌握自动布局与自动布线规则的含义与设置方法。

(6) 理解飞线的含义。

(7) 学会手工调整布线。

(8) 学会添加电源/地的输入端与信号的输出端，在电路板上放置插针式元件并将它连接到网络上。

实训设备

电子 CAD 软件 Protel 99 SE、PC 机。

练习一　绘制原理图并建立网络表

实训内容

画出如图 14-1 所示的原理图，图中，电路元件说明如表 14-1 所示。然后建立网络表，观察网络表与原理图之间的对应关系。

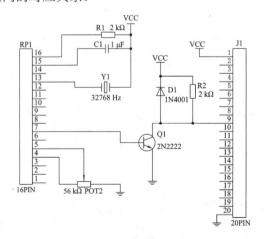

图 14-1　原理图

表 14-1　电路元件明细表

Designator	Part Type	Footprint
D1	1N4001	DO-41
C1	1 μF	RAD-0.1
Q1	2N2222	TO-92A
R1、R2	2 kΩ	AXIAL-0.3
RP1	16PIN	IDC16
J1	20PIN	IDC20
Y1	32 768 Hz	XTAL-1
POT2	56 kΩ	VR-2

操作提示

(1) 建立一个新的设计数据库，再建立原理图文件，然后画图。

注意：在画图过程中，将元件封装输入元件属性。

(2) 进行 ERC 检查后，再建立网络表。

练习二　调入网络表

实训内容

在练习一生成的网络表的基础上，建立电路板图文件，将网络表调入电路板图中。

操作提示

(1) 建立电路板文件：使用菜单命令"File\New"，然后在弹出的窗口中选择"PCB Document"　图标。

(2) 加载封装库："General IC"、"PCB Footprint"、"Miscellaneous"、"International Rectifiers"和"Transistor"。

(3) 调入网络表：在电路板图窗口中，执行菜单命令"Design\Load Nets"，在弹出的窗口中单击"Browse"按钮，然后在弹出的窗口中选择练习一生成的网络表文件(扩展名为 .Net)。单击"OK"按钮，可以看到网络表已经转换成可以执行的宏命令并显示在窗口的下部，如图 14-2 所示。这时应该观察窗口底部的状态条(Status)以确认是否所有的宏命令都有效，若是出现错误(Error)就应该找出错误。(一般错误是元件封装名称不对，致使在封装库中找不着，这种情况将显示："Footprint XXX not found in Lirbary"；或者是封装可以找到，但是管脚号和焊盘号不一致，这种情况将显示："Node not found"。)

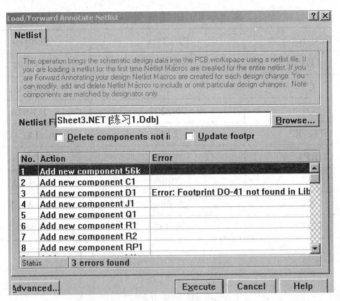

图 14-2　有错误的网络表宏信息

　　(4) 修改宏错误。由于元件 D1 的管脚号是 1 和 2，而封装 DO-41 的焊盘号是 A 和 K，所以在调入网络表的时候会出现"Node not found"的错误。更改错误：首先在原理图中双击二极管 D1，然后在弹出的元件属性设置对话框中，选中"Hidden Pins"前的小方框，如图 14-3 所示。关闭属性设置对话框后，就可以看到二极管的管脚号显示出来。在原理图左边元件库的浏览管理器中，找到二极管(DIODE)，如图 14-4 所示。单击管理器中的"Edit"按钮，屏幕被切换到元件库编辑窗口，并显示二极管的符号，如图 14-5 所示。双击引脚，将引脚号 1 改为 A，2 改为 K。存盘后，重新创建网络表。

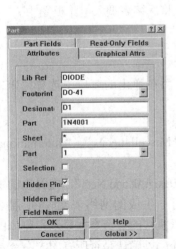
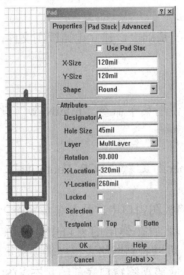

图 14-3　元件属性设置对话框　　图 14-4　在库中查找元件窗口　　图 14-5　修改焊盘编号对话框

　　(5) 若在网络表调用窗口底部的状态条显示："All Macros Validated"，就说明没有错误了。这时可单击"Execute"按钮，将元件和它们的连接关系调入电路板图中。否则，还需要查找错误，直到所有的错误都改正。

练习三　人工布局

实训内容

在练习二的基础上，对调入的元件进行人工布局。

操作提示

(1) 规划电路板尺寸：在禁止层(KeepOutLayer)用画线工具画一个电路板框，尺寸为"1500 mil × 2300 mil"。

(2) 人工布置元件：使用鼠标移动元件，原则是所有的连线最短，左边信号进，右边信号出，连接器放在电路板边缘。

练习四　自动布线

实训内容

在练习三的基础上，对人工布局完成的电路进行自动布线。

操作提示

执行菜单命令"Auto Route\All"，在弹出的如图 14-6 所示的对话框中，单击"Route All"按钮，就可以实现自动布线。

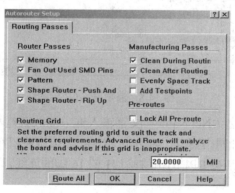

图 14-6　自动布线对话框

练习五　编辑网络表

实训内容

在练习三的基础上，直接修改网络表，将 RP1 的 10 脚和 J1 的 16 脚连接在一起。

操作提示

(1) 执行菜单命令"Design\Netlist Manager",将弹出如图 14-7 所示的对话框。在网络管理的三个窗口中,单击中间窗口底部的"Add"按钮,这时屏幕左侧显示所有元件引脚,右侧什么也没有显示的添加网络窗口,使用两个窗口之间的箭头按钮将需要连接的管脚从左侧添加到右侧,如图 14-8 所示。

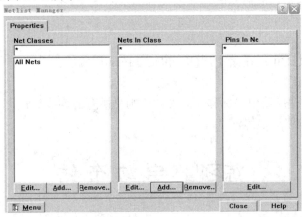

图 14-7　网络管理对话框

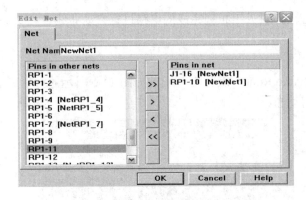

图 14-8　添加网络窗口

(2) 在窗口顶部网络名"Net Name"文字输入框中输入新建网络名称"NewNet1"后,单击"OK"按钮关闭添加网络窗口,再单击"Close"按钮关闭网络管理窗口,这时就可以看到电路板图上多了一条连接 RP1 的 10 脚和 J1 的 16 脚的连线,同时在连线的焊盘上显示网络名"NewNet1"。

练习六　网　络　分　类

实训内容

在练习三的基础上,将网络进行分类。现在要求将"NetRP1_13"、"NetRP1_15"和

"NetRP1_16"三个网络合并成一类，并命名为"New_Class1"。

操作提示

(1) 执行菜单命令"Design\Netlist Manager"，屏幕将弹出网络管理的三个窗口，如图 14-7 所示。在左侧的网络分类窗口中显示有"All Nets"网络分类，该分类是系统分类，就是将所有网络都归到类名为"All Nets"的分类中，该分类不能编辑。

(2) 用鼠标单击窗口底部的"Add"按钮，屏幕显示网络分类对话框，如图 14-9 所示。其中左侧窗口"Non-Members"显示的是所有网络，右侧窗口"Members"什么也没有显示，这时使用两个窗口之间的箭头按钮，将"NetRP1_13"、"NetRP1_15"和"NetRP1_16"网络添加到右侧窗口中。

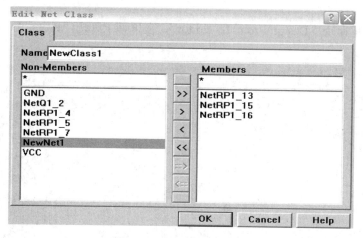

图 14-9　网络分类对话框

(3) 在网络分类名"Name"文字输入框中输入分类名"NewClass1"。

(4) 单击"OK"按钮，关闭网络分类对话框，就可以看到在网络管理器左侧窗口中出现了一个新的网络分类"NewClass1"，如图 14-10 所示。

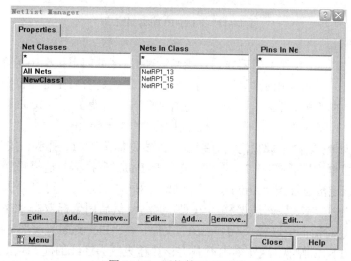

图 14-10　网络管理对话框

练习七　建立 From-To 网络

实训内容

对练习三中的电路板图建立地线和电源线的"From-To"网络，就是将所有电源线都直接连接在 J1 的 1 脚，而地线连接在 J1 的 20 脚。这种连接方式又称为星形连接，常用在低频电路的抗干扰布线设计中。

操作提示

(1) 执行菜单命令"Design\From-To Editor"，在屏幕上弹出"From-To"编辑器窗口，如图 14-11 所示。

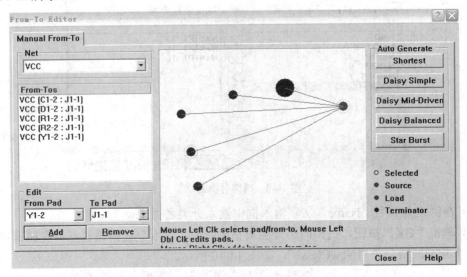

图 14-11　From-To 编辑器窗口

(2) 选择网络。

方法一：在"From-To"编辑器窗口左上角"Net"区域的下拉框中选择网络"VCC"，这时在窗口中将显示该网络中的焊盘，各个焊盘的位置就是它们在电路板图中的实际位置。在"Edit"区域中的"From Pad"下拉框中选择"C1-2"焊盘，在"To Pad"下拉框中选择"J1-1"焊盘，然后单击"Add"按钮，就可以看到在"From-Tos"区域显示"VCC(C1-2：J1-1)"，同时在窗口中的两个焊盘之间连接了一条线，如图 14-11 所示。按照同样的方法在"From Pad"下拉框中选择"D1-2"焊盘，在"To Pad"下拉框中选择"J1-1"焊盘后，用"Add"按钮将该连接添加到"From-Tos"区域。用同样的方法，可以编辑"GND"网络。

方法二：首先在"Net"区域选择"VCC"网络，然后用鼠标双击"J1-1"焊盘，在弹出的焊盘属性设置对话框中选择"Advanced"页面，在"Electrical type"下拉列表框中选择"Source"，如图 14-12 所示。这实际上就是将该焊盘设置为连线的起始点，然后单击"OK"按钮，关闭该焊盘属性设置对话框，这时 J1-1 焊盘变成了红色。用鼠标单击"Star Burst"

按钮，即可看到以"J1-1"为原点，呈放射状的焊盘连接方式。对 GND 网络可以采用相同的方法进行编辑。

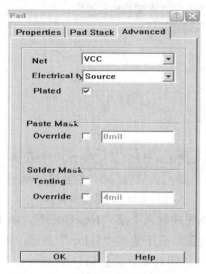

图 14-12　焊盘属性设置对话框

(3) 对 GND 和 VCC 网络进行"From-To"编辑后，单击"Close"按钮，就可以看到电路板上的预拉线已经变成了"From-To"编辑的结果，如图 14-13 所示。

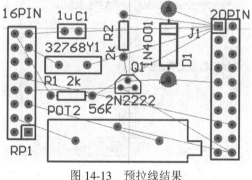

图 14-13　预拉线结果

练习八　元件分类

实训内容

对练习一电路图中的元件进行分类，把 C1、R1 和 R2 归为一类，并赋予类名"NewClass1"。

操作提示

(1) 执行菜单命令"Design\Classes"，在弹出的对象分类窗口(Object Classes)中，选择"Component"页面，如图 14-14 所示。

(2) 单击"Add"按钮进入分类编辑窗口(Edit Component Class)，将 C1、R1 和 R2 从左

侧窗口添加到右侧窗口，如图 14-15 所示。

图 14-14　对象分类窗口

(3) 在"Name"文字输入框中输入类名"NewClassl"，单击"OK"按钮，关闭分类编辑窗口。这时若单击对象分类窗口右下角的"Select"按钮，则所选择的元件就被高亮度显示；若单击"Close"按钮，则关闭对象分类窗口。

图 14-15　分类编辑窗口

练习九　使用向导生成电路板

实训内容

画四层(信号层和内层)电路板图，要求电源线和地线放在两个内层平面，板尺寸为"1360 mil × 2340 mil"。

操作提示

(1) 使用电路板向导建立电路板图：执行菜单命令"File\New"，在弹出的窗口中选择"Wizards"页面，再选择"Printed Circuit Board Wizard"图标，就进入了电路板向导，如

图 14-16 所示。

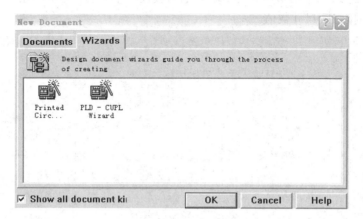

图 14-16　电路板设置向导

(2) 向导第 1 步：选择"Custom Made Board"，如图 14-17 所示。

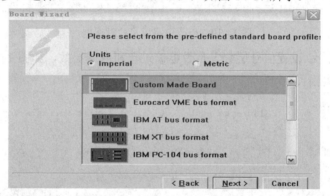

图 14-17　选择电路板模板

(3) 向导第 2 步：设置板的宽(Width)、高(Height)、形状(Rectangular、Circular 和 Custom)、边界层(Boundary Layer)、尺寸层(Dimension Layer)、边界线宽度(Track Width)、尺寸线宽度(Dimension Line Width)、边界与板边沿的距离(Keep Out Distance From Board Edge)以及是否显示标题栏(Title)、标尺(Scale)、图例字符(Legend String)、尺寸线(Dimension)、切外角(Corner Cutoff)和切内角(Inner CutOff)，如图 14-18 所示。

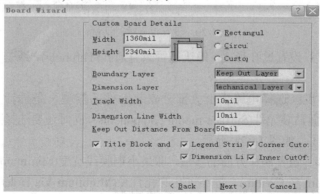

图 14-18　设置电路板尺寸、形状对话框

(4) 向导第 3 步：如图 14-19 所示，若对电路板尺寸不满意，还可以在这个窗口中修改，方法是用鼠标直接修改尺寸数值。

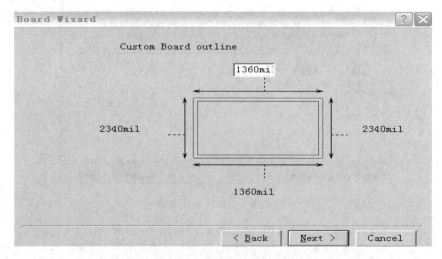

图 14-19　修改电路板尺寸对话框

(5) 向导第 4 步：设置信号层数、是否电镀过孔和内层层数，如图 14-20 所示。

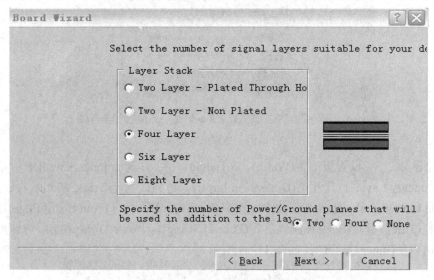

图 14-20　设置板层数对话框

(6) 向导第 5 步：设置过孔形式，确认是否只有通孔(Thruhole)，或是盲孔(Blind)和埋孔(Buried)。

(7) 向导第 6 步：选择电路板上大部分安装元件的类型，是插针元件(Through-hole components)还是表面贴装元件(Surface-mount components)，同时还要选择两个相邻焊盘之间允许通过几条铜膜线，如图 14-21 所示。

(8) 向导第 7 步：设置制作方面的参数，即最小铜膜线宽度(Minimum Track Size)、最小过孔外直径(Minimum Via Width)、最小过孔的孔直径(Minimum Via HoleSize)和任意两条铜膜线之间的最小距离(Minimum Clearance)，如图 14-22 所示。

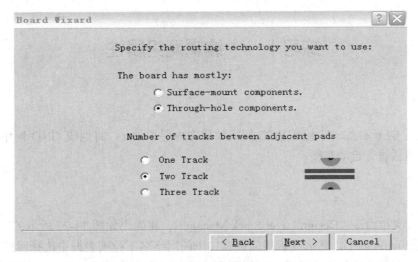

图 14-21 电路板元件类型选择对话框

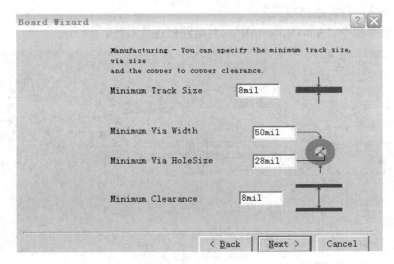

图 14-22 设置铜膜线宽度、过孔直径及最小线距对话框

(9) 向导设置完毕，关闭向导的最后一个窗口，屏幕显示标有板框的电路板文件。

练 习 十   调 入 网 络 表

实训内容

将练习一生成的网络表调入练习九建立的电路板中。

操作提示

在练习九的电路板窗口，执行菜单命令 "Design\Load Nets"，将练习一生成的网络表调入，然后使用人工布局。

练习十一　编辑网络属性

实训内容

在练习十的基础上，将电源 VCC 网络放置在内层平面 1，将地线 GND 网络放置在内层平面 2，然后进行自动布线。

操作提示

(1) 执行菜单命令"Design\Layer Stack Manager"，将弹出如图 14-23 所示的窗口，双击内平面 1(InternalPlane1)，然后在板层属性窗口中的网络名下拉列表框中选择网络 VCC。

(2) 用相同的方法设置内平面 2。设置完毕后，观察电路板图，就可以发现电源 VCC 和地线 GND 网络的预拉线已经消失。

(3) 执行菜单命令"Auto Route\All"，对电路板进行布线。

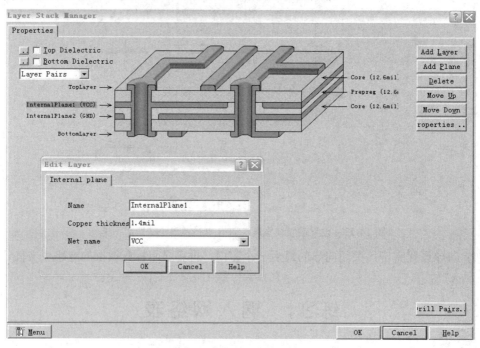

图 14-23　板层属性窗口

练习十二　交互走线

实训内容

练习交互走线。

操作提示

（1）推线：布好线后，如果人工修改布线，需要推线功能。执行菜单命令"Tool\\Preferences"，在弹出的窗口中将"Interactive routing"区域中的"Mode"下拉列表框设置为"Push Obstacle"，如图 14-24 所示。若是不能推开已布走线，还需要使用"Shift+空格键"更改走线模式。

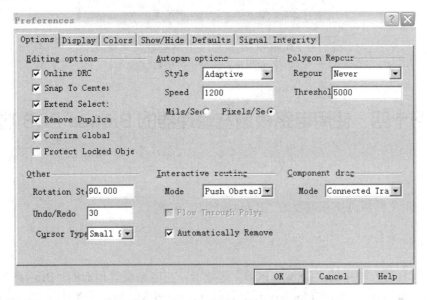

图 14-24　交互布线等参数设置对话框

（2）回线删除：自动布线后，如果需要人工更改走线，需要自动删除原走线。执行菜单命令"Tool\\Preferences"，在弹出窗口的"Interactive routing"区域的下部选中"Automatically Remove Loops"选择框，如图 14-24 所示。

练习十三　具有预布线电路板的自动布线

实训内容

练习具有预布线电路板的自动布线。

操作提示

在电路板布线过程中，有时需要在自动布线前，人工预走线，这是因为有些线必须人工布线才能满足设计要求。而这些预先走的线就不能自动布线了，执行菜单命令"Auto Route\\All"，在弹出的窗口中选中"Lock All Pre-route"选择框，如图 14-25 所示。例如可以在练习三的基础上，人工预走线，然后再自动布线。

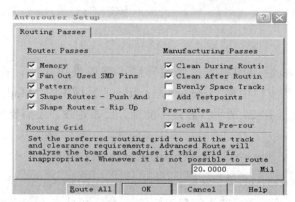

图 14-25　预布线锁定设置对话框

练习十四　使用电路板浏览管理器的 Browse PCB 功能

实训内容

练习使用电路板浏览管理器的"Browse PCB"功能。

操作提示

单击 PCB 管理器中的"Browse PCB"选项卡，在电路板管理器的"Browse"下拉框中分别选择网络(Nets)、元件(Components)、封装库(Libraries)、网络分类(Net Classes)、元件分类(Components)、违反规则(Violation)和规则(Rules)等选项，然后练习使用编辑(Edit)、选择(Select)、变焦(Zoom)、跳跃(Jump)、聚焦(Focus)和高亮(HighLight)等按钮，并观察执行各种命令后的变化。

练习十五　更新电路板

实训内容

使用原理图设计环境中的"Design\Update PCB"菜单，在原理图设计环境中直接更新电路板图(同步器加载网络表 Synchronizer)。

操作提示

(1) 建立设计数据库，然后建立原理图文件。

(2) 在原理图设计环境中画电路图，在电路图上标记电路板指示符号(WiringTools 工具栏的最后一个按钮 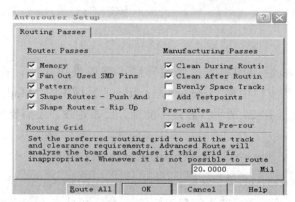)，如图 14-26 所示。

(3) 在如图 14-26 所示的电路板指示符号设置中，上侧为电源 VCC 的布线规则设置，设置铜膜线宽为"50 mil"、布线层为顶层，下侧为地线 GND 的布线规则设置，设置铜膜线

宽为 "30 mil"、布线层为底层。

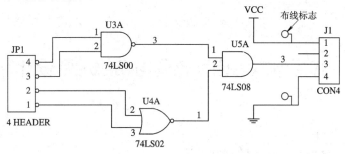

图 14-26 电路原理图

(4) 建立 PCB 文件。

(5) 在原理图设计环境中,执行菜单命令"Design\Update PCB",在屏幕上弹出如图 14-27 所示窗口,进行设置后,单击 "Preview Changes" 按钮,可以看到宏命令列表,如图 14-28 所示。在列表中有电路板设计规则的宏命令,若所有宏命令都有效,则单击"Execute",更新电路板。

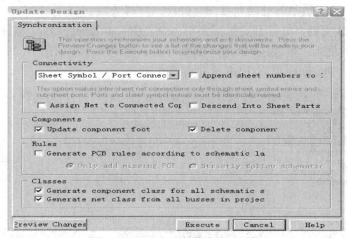

图 14-27 同步器参数设置对话框

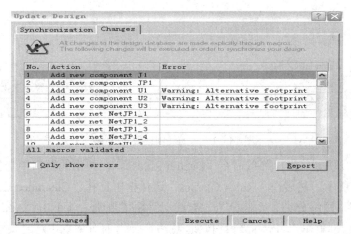

图 14-28 网络宏信息对话框

(6) 进入电路板(PCB)设计环境，在禁止层画电路板框后，进行人工布局，再进行自动布线。

练习十六　自动布局与布线规则设计

实训内容

练习电气对象之间允许距离的规则设计。

操作提示

使用电气对象之间允许距离规则的目的有以下两个：

① 检查电路板设计中是否有违反规则的情况发生；② 在设计过程中使用规则进行设计。

(1) 画如图 14-26 所示的电路原理图，并产生网络表。

(2) 建立 PCB 文档，并打开。执行菜单命令"Design\Load Nets"，加载网络表。

(3) 设置布局规则：执行菜单命令"Design\Rules"，将弹出如图 14-29 所示的对话框，在对话框中选取"Placement"页面，设置布局规则。

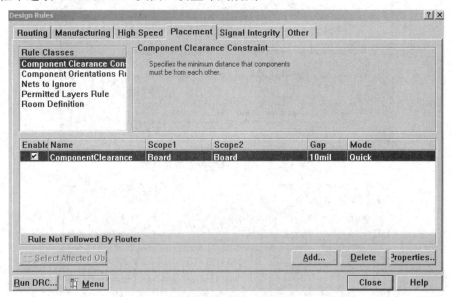

图 14-29　布局规则设置对话框

(4) 设置布线规则：执行菜单命令"Design\Rules"，在弹出的窗口中选择"Routing"页面，如图 14-30 所示。然后在"Rules Classes"选择框中选择"Clearance Constraint"。若是需要对某些网络、网络分类、元件分类、布线层等新增规则，就单击"Add"按钮；若是对现有规则进行修改，就单击"Properties"按钮，然后在弹出的对话框中选择规则适用范围(Rule Scope)和设置规则属性：对象之间的距离(Minimum Clearance)和适用于网络的范围(Any

Net、Different Nets Only、Same Net Only)。

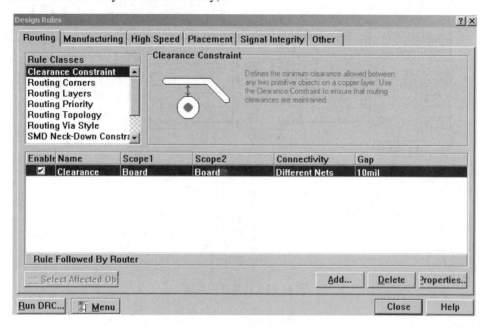

图 14-30　布线规则设置对话框

(5) 移动元件，并选择电路板浏览管理器"Browse"区域中的违反规则(Violation)，观察元件间距离变化时焊盘与元件的显示颜色的变化及高亮显示时"Violation"区域的变化。

练习十七　计数译码电路的 PCB 设计

实训内容

画出如图 14-31 所示的计数译码电路，图中电路元件说明如表 14-2 所示。生成网络表，建立双层电路板，然后进行布线。布线前，使用布线规则，设置电源 VCC、地线 GND 网络的线宽为"30 mil"，整板的线宽为"10 mil"，然后布线。

表 14-2　电路元件明细表

Deignator	Part Type	Footprint
JP1	4 HEADER	POWER-4
R5、R6、R7	560 Ω	AXIAL-0.3
R1、R2、R3、R4	560 Ω	AXIAL-0.3
J1	CON2	SIP-2
J2	CON10	SIP-10
U1	SN74LS160A	SIP-16
U2	SN74LS247	SIP-16

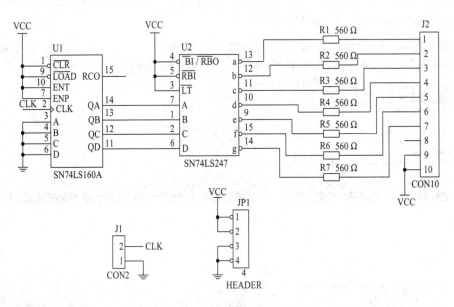

图 14-31　计数译码电路

操作提示

(1) 建立电路图文件，画电路原理图，进行电气规则检查，并生成网络表。

(2) 人工布局：建立双层电路板图文件，调入网络表，然后进行人工布局。

(3) 设置地线网络 GND 线宽：执行菜单命令"Design\Rules"，在弹出的窗口中选择布线规则页面(Routing)后，在"Rules Classes"选择框中选择"Width Constraint"，再单击"Add"按钮后就进入线宽规则设置界面。首先在"Rule scope"区域的"Filter kind"选择框中选择"Net"，然后在"Net"下拉框中选择"GND"，再在"Rule Attributes"区域将"Minimum width"、"Maximum width"和"Preferred width"三个输入框的线宽设置为"30 mil"，如图 14-32 所示。

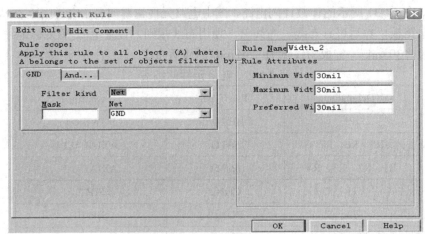

图 14-32　布线宽度设置对话框

(4) 设置电源网络 VCC 线宽：同 GND 线宽的设置，区别是在"Net"下拉框选择"VCC"。

(5) 整板布线宽度的缺省值就是"10 mil"。

(6) 单击"OK"按钮，完成设置。

(7) 进行自动布线：执行菜单命令"Auto Route\All"，如图 14-6 所示，单击"Route All"按钮，进行自动布线。

练习十八　电源、地线网络的布线层设置

实训内容

设置地线网络的布线层为底层，电源网络的布线层为顶层，然后对练习十七所示的电路进行布线。

操作提示

(1) 设置地线网络 GND 布线层：执行菜单命令"Design\Rules"，在弹出的窗口中选择布线规则页面(Routing)后，在"Rules Classes"选择框中选择"Routing Layers"，如图 14-30 所示，单击"Add"按钮后就进入布线层规则设置界面，如图 14-33 所示。首先在"Rule scope"区域的"Filter kind"选择框中选择"Net"，然后在"Net"下拉框中选择"GND"，再在"Rule Attributes"区域将"TopLayer"选择框设置成"Not used"，将"BottomLayer"设置成"Any"即可。

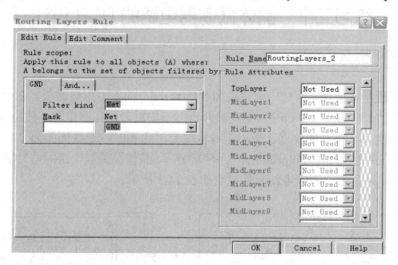

图 14-33　布线层规则设置对话框

(2) 设置电源网络 VCC 布线层：同 GND 布线层的设置，只是在"Rule scope"区域的"Filter kind"选择框的"Net"下拉框中选择"VCC"，在"Rule Attributes"区域将"TopLayer"选择框设置成"Any"，将"Bottom Layer"设置成"Not used"。

(3) 单击"OK"按钮，完成设置。

(4) 执行菜单命令"Auto Route\All"，如图 14-6 所示，单击"Route All"按钮，进行自动布线。

练习十九　网络布线层设置

实训内容

设置布线层为底层，对练习十七的电路进行自动布线。

操作提示

(1) 执行菜单命令"Design\Rules"，在弹出的窗口中选择布线规则页面(Routing)后，在"Rules Classes"选择框中选择"Routing Layers"，如图 14-30 所示。

(2) 单击"Add"按钮，进入布线层规则设置界面，在"Rule scope"区域的"Filter kind"选择框中选择"Whole Board"。

(3) 在"Rule Attributes"区域将"TopLayer"选择框设置成"Not used"，将"Bottom Layer"设置成"Any"，如图 14-33 所示。

(4) 单击"OK"按钮，完成设置。

(5) 执行菜单命令"Auto Route\All"，如图 14-6 所示，单击"Route All"按钮，进行自动布线。

练习二十　晶体振荡器电路的 PCB 设计

实训内容

使用电路板生成向导，新建一个边长为"1500 mil"的正方形电路板。在电路板的四角开口，尺寸为"100 mil × 100 mil"，无内部开口，双层板，过孔不电镀，使用针脚式元件，元件管脚间只允许一条导线穿过，最小走线宽度为"10 mil"，走线间距为"15 mil"。加载"Advpcb.ddb"中的"PCB Footprint.Lib"元件封装库。晶体振荡器电路的电气原理图和 PCB 布局图如图 14-34 所示。图中电路元件说明如表 14-3 所示。

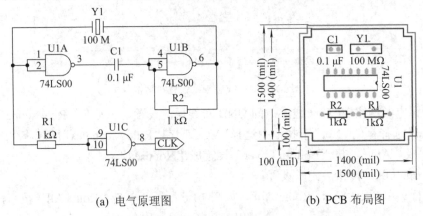

(a) 电气原理图　　　　　　　　(b) PCB 布局图

图 14-34　晶体振荡器电路的电气原理图和 PCB 布局图

表 14-3　电路元件明细表

元件名称	元件标号	元件所属 SCH 库	元件封装	元件所属 PCB 库
RES2	R1、R2	Miscellaneous Devices.ddb	AXIAL0.4	Advpcb.ddb
CAP	C1	Miscellaneous Devices.ddb	RAD0.1	Advpcb.ddb
CRYSTAL	Y1	Miscellaneous Devices.ddb	XTAL1	Advpcb.ddb
74LS00	U1	Sim.ddb	DIP14	Advpcb.ddb

操作练习内容如下所示：

(1) 分别使用直接装载和利用设计同步器两种方法装入网络表和元件。

(2) 分别使用群集式和统计式两种方法进行自动布局，并使用手工方法对布局进行调整。

(3) 采用全局自动布线。

(4) 在电路板上添加三个焊盘，标注为“VCC”、“GND”和“CLK”，并把它们连入相应的网络。

操作提示

(1) 建立一个新的设计数据库，画原理图。

(2) 进行 ERC 检查后，建立网络表。

(3) 使用电路板向导建立电路板图。执行菜单命令“File\New”，在弹出的窗口中选择“Wizards”页面，再选择“Printed Circuit Board Wizard”图标，如图 14-16 所示，就进入了电路板向导。

(4) 向导第 1 步：选择“Custom Made Board”，如图 14-17 所示。

(5) 向导第 2 步：设置板的宽(Width)、高(Height)、形状(Rectangular、Circular 和 Custom)、边界层(Boundary Layer)、尺寸层(Dimension Layer)、边界线宽度(Track Width)、尺寸线宽度(Dimension Line Width)、边界与板边沿的距离(Keep Out Distance From Board Edge)以及是否显示标题栏(Title)、标尺(Scale)、图例字符(Legend String)、尺寸线(Dimension)、切外角(Corner Cutoff)和切内角(Inner CutOff)，如图 14-18 所示。

(6) 向导第 3 步：如图 14-19 所示，若是对电路板尺寸不满意，还可以在这个窗口中修改，方法是用鼠标直接修改尺寸数值。

(7) 向导第 4 步：如图 14-20 所示，设置信号层数、是否电镀过孔和内层层数。

(8) 向导第 5 步：设置过孔形式，确认是否只有通孔(Thruhole)，或是盲孔(Blind)和埋孔(Buried)。

(9) 向导第 6 步：如图 14-21 所示，选择电路板上大部分安装元件的类型，是插针元件(Through-hole components)还是表面贴装元件(Surface-mount components)。同时还要选择两个相邻焊盘之间允许通过几条铜膜线。

(10) 向导第 7 步：如图 14-22 所示，设置制作方面的参数，即最小铜膜线宽度(Minimum Track Size)、最小过孔外直径(Minimum Via Width)、最小过孔的孔直径(Minimum Via Hole size)和任意两条铜膜线之间的最小距离(Minimum Clearance)。

(11) 向导设置完毕，关闭向导的最后一个窗口，屏幕显示标有板框的电路板文件。

(12) 直接装入网络表文件：在 PCB 编辑器中，执行菜单命令"Design\Load Nets"。

(13) 设置布局设计规则：在 PCB 编辑器下，执行菜单命令"Design\Ruler"，将弹出"Design Ruler"(设计规则)对话框。单击"Placement"选项卡，可对元件布局设计规则进行设置，它只适合于"Cluster Placer"自动布局方式。

(14) 自动布局：

① 在自动布局之前，执行菜单命令"Edit\Origin\Reset"，恢复原点为绝对原点。

② 执行菜单命令"Tools\Auto Placement\Auto Placer"，系统弹出自动布局对话框。对话框中显示了两种自动布局方式，选择"Cluster Placer"(群集式布局)方式。

(15) 手工调整布局，使布局更加美观。

(16) 执行菜单命令"Auto Route\All"，如图 14-6 所示，单击"Route All"按钮，对电路板进行布线。

(17) 利用同步器装入网络表和元件：

① 重复第(3)～(11)步，新建一个名为"同步器.pcb"的 PCB 文件。

② 打开原理图文件，执行菜单命令"Design\Updata PCB"(更新 PCB)，系统弹出同步器选择目标文件对话框。在所列出的 PCB 文件中，选择"同步器.pcb"选项，单击"Apply"按钮，系统弹出同步器参数设置对话框，如图 14-27 所示。

③ 单击"Execute"按钮，装入网络表及元件。

(18) 重复第(14)步，选取"Statistical Placer"(统计式布局)方式。

(19) 重复第(15)、(16)步。

(20) 在电路板上添加三个焊盘："VCC"、"GND"和"CLK"。

① 在 PCB 图中合适的位置放置三个焊盘。

② 调出焊盘属性设置对话框，如图 14-12 所示。选择"Advanced"页面，在"Net"下拉框中选择焊盘所在的网络："VCC 网络"、"GND 网络"和"CLK 网络"。设置完毕后，这三个焊盘通过飞线与相应的网络连接。

③ 最后，执行自动布线命令"Auto Route\Connection"，或执行手工布线命令"Place\Interactive Routing"，完成三个焊盘与相应网络的布线连接。

练习二十一　555 定时器应用电路的 PCB 设计

实训内容

使用电路板生成向导，新建一个边长为"1800 mil"的正方形电路板，在电路板的四角开口，尺寸为"100 mil × 100 mil"，无内部开口，双层板，过孔电镀，使用针脚式元件，元件管脚间只允许一条导线穿过，最小走线宽度为"20 mil"，走线间距为"15 mil"。555 定时器应用电路的电气原理图和 PCB 布局图如图 14-35 所示。图中电路元件说明如表 14-4 所示。操作练习内容如下：

(1) 利用设计同步器装入网络表和元件。

(2) 先对集成电路 555 进行预布局(以 555 为布局的中心),再使用群集式方式进行自动布局,并使用手工方法对布局进行调整。

(3) 先对电阻 R1 进行手工预布线,然后再采用自动布线完成其他布线任务。

(4) 采用全局编辑,将电源线和地线的走线线宽设置为 30 mil。

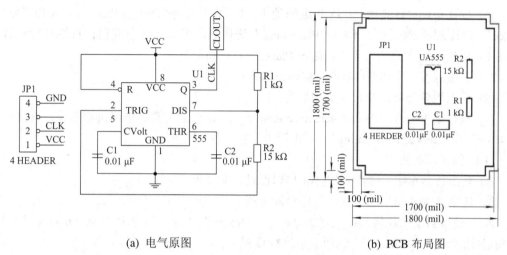

(a) 电气原图　　　　　　　　　　　　　　(b) PCB 布局图

图 14-35　555 定时器应用电路的电气原理图和 PCB 布局图

表 14-4　电路元件明细表

元件名称	元件标号	元件所属 SCH 库	元件封装	元件所属 PCB 库
RES1	R1、R2	Miscellaneous Devices.ddb	AXIAL0.3	Advpcb.ddb
CAP	C1、C2	Miscellaneous Devices.ddb	RAD0.1	Advpcb.ddb
UA555	U1	Protel DOS Schematic Libraries.ddb	DIP8	Advpcb.ddb
4 HEADER	JP1	Miscellaneous Devices.ddb	POWER4	Advpcb.ddb

操作提示

(1) 建立一个新的设计数据库,再建立原理图文件,然后画原理图。

(2) 进行 ERC 检查,创建网络表。

(3) 参照练习九,使用电路板向导建立电路板图。

(4) 利用同步器装入网络表和元件:

① 打开原理图文件,执行菜单命令"Design\Updata PCB"(更新 PCB),系统弹出同步器选择目标文件对话框。在所列出的 PCB 文件中,选取新建的 PCB 文档,单击"Apply"按钮,系统弹出同步器参数设置对话框。

② 单击"Execute"按钮,装入网络表及元件。

(5) 对 555 进行预布局:

① 打开 PCB 文档,执行菜单命令"Edit\Move\Component",光标变成十字形,移动光标到重叠的元件上,单击鼠标左键,或将光标移到元件上,直接按住鼠标左键,系统均弹出一个列有元件的菜单。

② 在菜单中选择"555 元件",该元件变成高亮,移动光标,元件也随之移动。单击鼠标左键,该元件被定位。

③ 用鼠标左键双击"555 元件",在弹出的元件属性对话框中,选取"Locked"复选框使该元件被锁定,不参与自动布局。

(6) 设置布局设计规则:在 PCB 编辑器下,执行菜单命令"Design\Ruler",将弹出"Design Ruler"(设计规则)对话框。单击"Placement"选项卡,可对元件布局设计规则进行设置,如图 14-29 所示,它只适合于"Cluster Placer"自动布局方式。

(7) 参照练习二十的第(14)步,实现自动布局。

(8) 手工调整布局,使布局更加美观。

(9) 执行菜单命令"Place\Interactive Routing",或在工作窗口单击鼠标右键,在弹出的菜单中选择"Interactive Routing",对电阻 R1 进行手工预布线。

(10) 保护预布线:

① 双击该预布线,弹出导线(Track)属性设置对话框。

② 选中"Locked"选项框,锁定该段导线。

(11) 设置自动布线规则:执行菜单命令"Design\Rules",将弹出"Design Rules"(设计规则)对话框,在l"Routing"选项卡中进行设置。

(12) 执行菜单命令"Auto Route\All",对电路板进行自动布线。在"Auto Route\All"弹出窗口中的"Pre-routes"区域,选中锁定所有预布线(Lock All Pre-route)选项框,如图 14-25 所示。

(13) 采用全局编辑功能设置 VCC 和 GND 网络的导线线宽为"30 mil",具体操作步骤如下:

① 将光标移到要加宽的导线上(如 VCC),双击鼠标左键,将弹出"Track"属性设置对话框。

② 在"Track"属性设置对话框中,单击右下方的"Global>>按钮"。

③ 在全局编辑对话框中进行设置:在"Width"文本框中输入"30 mil",在"Attributes To Match By"选项区域中的"Net"下拉列表框中选取"Same",然后单击"OK"按钮。

④ 系统弹出"Confirm"对话框,确认是否将更新的结果送入 PCB 文件中。

⑤ 单击"Yes"按钮,符合条件的导线宽度即设置完毕。

练习二十二　波形发生电路的 PCB 设计

实训内容

画如图 14-36 所示的波形发生电路,图中电路元件说明如表 14-5 所示。设计要求如下:

(1) 使用双面板,板框尺寸为"3000 mil × 1450 mil"。

(2) 采用插针式元件。

(3) 镀铜过孔。

(4) 焊盘之间允许走一根铜膜线。

(5) 最小铜膜线走线宽度为"10 mil",电源、地线的铜膜线宽度为"20 mil"。

(6) 对原理图进行电气规则检查、创建网络表、人工布局、自动布线。

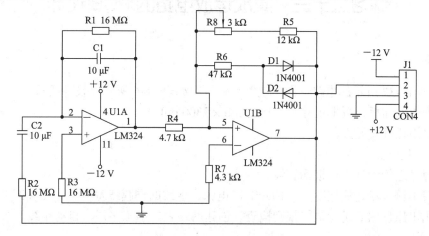

图 14-36　波形发生电路

表 14-5　电路元件明细表

Designator	Lib Ref	Part Type	Footprint
U1	LM324	LM324	DIP14
R1、R2、R3	RES2	16 MΩ	AXIAL0.3
R4	RES2	4.7 kΩ	AXIAL0.3
R5	RES2	12 kΩ	AXIAL0.3
R6	RES2	47 kΩ	AXIAL0.3
R7	RES2	4.3 kΩ	AXIAL0.3
R8	POT2	3 kΩ	VR5
C1、C2	CAP	10 μF	RB-.2/.4
J1	CON4	CON4	SIP-4
D1、D2	100HF100PV	1N4001	DIODE-0.4
U1 在 "Protel DOS Schematic Libraries.ddb" 中；D1、D2 在 "Sim.ddb" 中。			

操作提示

(1) 画原理图,元件属性中必须填上元件的封装。

(2) 进行 ERC 检查,创建网络表。

(3) 参考练习九,利用电路板向导建立 PCB 文档。

(4) 参考练习二,修改二极管、电位器的管脚号,使原理图与 PCB 一致,否则加载网络表时会出现错误。

(5) 在 "Design\Rules" 菜单中设置整板、电源和地线的线宽。

(6) 调整元件布局,然后进行自动布线。

练习二十三　集成运放电路的 PCB 设计

实训内容

画如图 14-37 所示的电路，图中电路元件说明如表 14-6 所示。设计要求如下：

(1) 使用双面板，板框尺寸为 "1820 mil × 2300 mil"。

(2) 采用插针式元件。

(3) 镀铜过孔。

(4) 焊盘之间允许走一根铜膜线。

(5) 最小铜膜线走线宽度为 "10 mil"，电源、地线的铜膜线宽度为 "20 mil"。

(6) 画出原理图后进行电气规则检查、创建网络表、手工布局、自动布线。

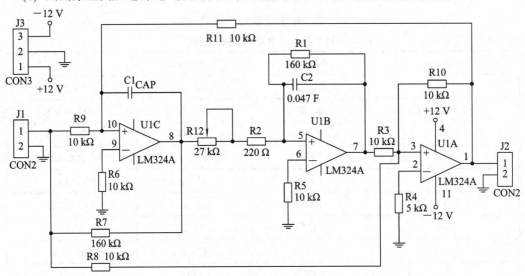

图 14-37　集成运放电路

表 14-6　电路元件明细表

Designator	Footprint	Lib Ref
R1~R11	AXIAL0.3	RES2
R12	VR5	POT2
C1、C2	RAD0.1	CAP
J1、J2	SIP-2	CON2
J3	SIP-3	CON3
U1	DIP-14	LF324A

操作提示

(1) 画原理图，元件属性中必须填上元件的封装。

(2) 进行 ERC 检查，创建网络表。

(3) 参考练习九，利用电路板向导建立 PCB 文档。

(4) 修改电位器的管脚号，使原理图与 PCB 一致。

(5) 在"Design\Rules"菜单中设置整板、电源和地线的线宽。

(6) 调整元件布局，然后进行自动布线。

练习二十四　PC 机过热报警电路的 PCB 设计

实训内容

画如图 14-38 所示的 PC 机过热报警电路，图中电路元件说明如表 14-7 所示。

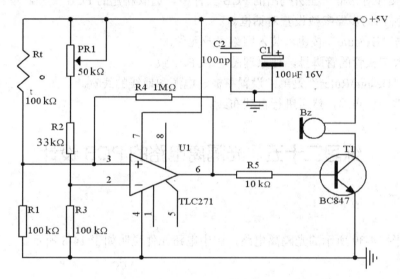

图 14-38　PC 机过热报警电路

表 14-7　电路元件明细表

Designator	FootPrint	Lib Ref
RP1	VR5	POT2
R1~R5	1206	RES2
Rt	AXIAL0.4	THERMISTOR
T1	TO220H	NPN
C1	RB.2/.4	ELECTRO2
C2	0402	CAP
U1	SO-8	TLC271
Bz	SIP2	MICROPHONE2

设计要求如下：

(1) 使用双面板，板框尺寸为"2000 mil × 1600 mil"。

(2) 主要采用贴片式元件。

(3) 顶层放置元件。

(4) 最小铜膜线走线宽度为"20 mil"，电源、地线的铜膜线宽度为"50 mil"。

(5) 画出原理图，进行 ERC 检查、创建网络表、手工布局、自动布线。

操作提示

(1) 画原理图。

(2) 进行 ERC 检查，创建网络表。

(3) 利用同步器装入网络表和元件(参考练习十五)。

① 打开原理图文件，执行菜单命令"Design\Updata PCB"(更新 PCB)，系统弹出同步器选择目标文件对话框。在所列出的 PCB 文件中，选取新建的 PCB 文档，单击"Apply"按钮，系统弹出同步器参数设置对话框。

② 单击"Execute"按钮，装入网络表及元件。

(4) 修改三极管的管脚号，使原理图与 PCB 一致。

(5) 在"Design\Rules"菜单中设置整板、电源和地线的线宽。

(6) 调整元件布局，然后进行自动布线。

练习二十五　光隔离电路的 PCB 设计

实训内容

试画如图 14-39 所示的光隔离电路，图中电路元件说明如表 14-8 所示。

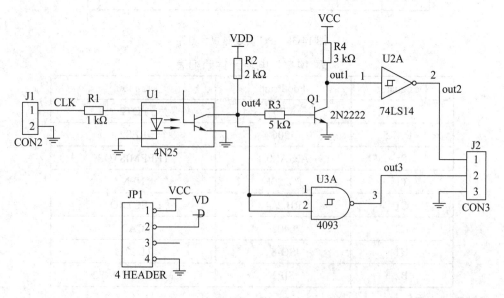

图 14-39　光隔离电路

表 14-8　电路元件明细表

Designator	Foot print	Lib Ref
U1	DIP-6	4N25
R1~R4	AXIAL0.3	RES2
Q1	TO-92A	2N1893
U2	DIP-14	74LS14
U3	DIP-14	4093
J1	SIP-2	CON2
JP1	FLY-4	4 HEADER
J2	SIP-3	CON3
U1 在 Sim.ddb 库中		

设计要求如下：

(1) 使用双面板，板框尺寸为 "2600 mil × 1500 mil"。

(2) 采用插针式元件。

(3) 镀铜过孔。

(4) 焊盘之间允许走一根铜膜线。

(5) 最小铜膜线走线宽度为 "10 mil"，电源、地线的铜膜线宽度为 "20 mil"。

(6) 画出原理图后进行电气规则检查、创建网络表、手工布局、自动布线。

操作提示

(1) 画原理图。

(2) 进行 ERC 检查，创建网络表。

(3) 参考练习九，利用电路板向导建立 PCB 文档。

(4) 在 "Design\Rules" 菜单中设置整板、电源和地线的线宽。

(5) 图中 CLK、out1、out2、out3、out4 为网络标号。

练习二十六　存储器扩展电路的 PCB 设计

实训内容

画如图 14-40 所示的电路，图中电路元件说明如表 14-9 所示。设计要求如下：

(1) 使用双面板，板框尺寸为 "4500 mil × 2200 mil"。

(2) 采用插针式元件。

(3) 镀铜过孔。

(4) 焊盘之间允许走一根铜膜线。

(5) 最小铜膜线走线宽度为 "10 mil"，电源、地线的铜膜线宽度为 "20 mil"。

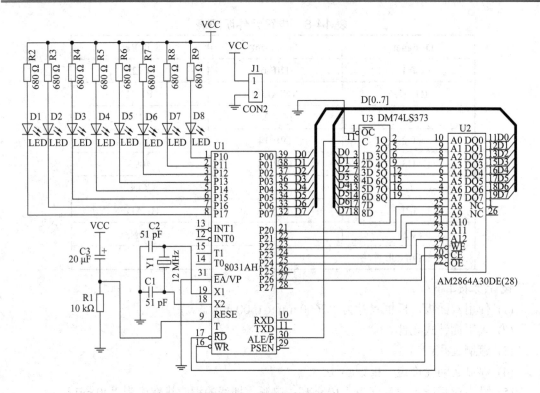

图 14-40　存储器扩展电路

表 14-9　电路元件明细表

Designator	Footprint	Lib Ref
U1	DIP-40	8031AH
U2	DIP-28	AM2864A2DC(28)
U3	DIP-20	DM74LS373
Y1	XTAL1	CRYSTAL
C1、C2	RAD0.1	CAP
C3	RB-.2/.4	CAPACITOR POL
R1~R9	AXIAL0.3	RES2
D1~D8	DIODE0.4	LED
J1	SIP2	CON2

练习二十七　湿度计电路的 PCB 设计

实训内容

试画如图 14-41 所示的湿度计电路,图中电路元件说明如表 14-10 所示。设计要求如下:

(1) 使用双面板,板框尺寸为 "2000 mil × 2200 mil"。

(2) 采用插针式元件。

(3) 镀铜过孔。

(4) 焊盘之间允许走一根铜膜线。

(5) 最小铜膜线走线宽度为 "10 mil"，电源、地线的铜膜线宽度为 "20 mil"。

(6) 画出原理图后进行电气规则检查、创建网络表、手工布局、自动布线。

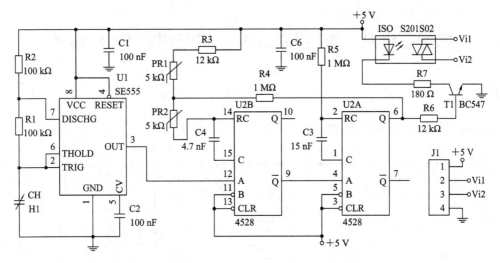

图 14-41　湿度计电路

表 14-10　电路元件明细表

Designator	Foot print	Lib Ref
U1	DIP-8	555
U2	DIP-16	4528
ISO	DIP-4	OPTOTRIAC
T1	TO-5	BC547
R1~R7	AXIAL0.3	RES2
CH	RAD0.3	CAPVAR
C2~C6	RAD0.1	CAP
PR1、PR2	AXIAL0.3	VARISTOR
J1	SIP-4	CON4

操作提示

(1) 画原理图。

(2) 进行 ERC 检查，创建网络表。

(3) 利用同步器装入网络表和元件：

① 打开原理图文件，执行菜单命令 "Design\Updata PCB"(更新 PCB)，系统弹出同步器选择目标文件对话框。在所列出的 PCB 文件中，选取新建的 "湿度计" PCB 文档，单击

"Apply"按钮，系统弹出同步器参数设置对话框。

　　② 单击"Execute"按钮，装入网络表及元件。

　　(4) 修改三极管的管脚号，使原理图与 PCB 一致。

　　(5) 在"Design\Rules"菜单中设置整板、电源和地线的线宽。

　　(6) 调整元件布局，然后进行自动布线。

练习二十八　10 路彩灯控制器电路的 PCB 设计

实训内容

　　试画如图 14-42 所示的 10 路彩灯控制器电路，图中电路元件说明如表 14-11 所示。

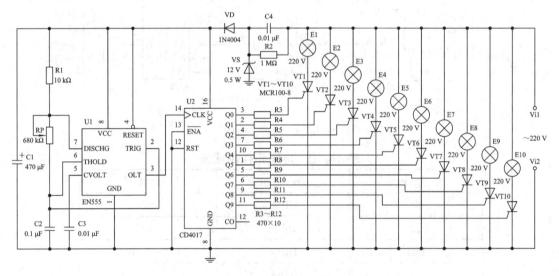

图 14-42　10 路彩灯控制器电路

表 14-11　电路元件明细表

Designator	Foot print	Lib Ref
U1	DIP-8	EN555
U2	DIP-16	4017
VT1～VT10	TO-5	SCR
E1～E10	SIP-2	LAMP
R1～R12	AXIAL0.4	RES2
C1	RB.2/.4	ELECTRO1
C2～C4	RAD0.1	CAP
PR	VR5	POT2
VD	DIOED0.4	1N4004
VS	DIOED0.4	1N4728

设计要求如下：

(1) 使用双面板，板框尺寸为"4800 mil × 2200 mil"。

(2) 采用插针式元件。

(3) 镀铜过孔。

(4) 焊盘之间允许走一根铜膜线。

(5) 最小铜膜线走线宽度为"10 mil"，电源、地线的铜膜线宽度为"20 mil"。

(6) 画出原理图后进行电气规则检查、创建网络表、手工布局、自动布线。

操作提示

(1) 画原理图。

(2) 进行 ERC 检查，创建网络表。

(3) 利用同步器装入网络表和元件：

① 打开原理图文件，执行菜单命令"Design\Updata PCB"(更新 PCB)，系统弹出同步器选择目标文件对话框。在所列出的 PCB 文件中，选取新建的 10 路彩灯控制器电路 PCB 文档，单击"Apply"按钮，系统弹出同步器参数设置对话框。

② 单击"Execute"按钮，装入网络表及元件。

(4) 修改二极管 VD、稳压管 VS 的管脚号，使原理图与 PCB 一致。

(5) 在"Design\Rules"菜单中设置整板、电源和地线的线宽。

(6) 调整元件布局，然后进行自动布线。

练习二十九　全自动楼道节能灯电路的 PCB 设计

实训内容

试画如图 14-43 所示的全自动楼道节能灯电路，图中电路元件说明如表 14-12 所示。

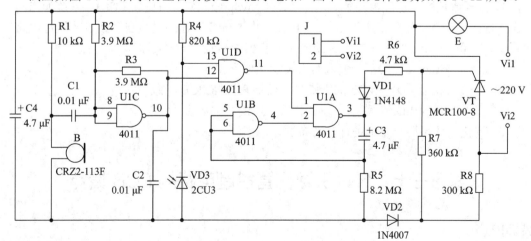

图 14-43　全自动楼道节能灯电路

表 14-12　电路元件明细表

Designator	Foot print	Lib Ref
U1	DIP-14	4011
R1～R8	AXIAL0.4	RES2
B	SIP-2	MICROPHONE2
VT	TO-5	SCR
E	SIP-2	LAMP
C1、C2	RAD0.1	CAP
C3、C4	RB.2/.4	ELECTRO1
VD1	DIOED0.4	1N4148
VD2	DIOED0.4	1N4007
VD2	RB.2/.4	PHOTO
J	SIP-2	CON2

设计要求如下:

(1) 使用双面板,板框尺寸为 "2400 mil × 2200 mil"。

(2) 采用插针式元件。

(3) 镀铜过孔。

(4) 焊盘之间允许走一根铜膜线。

(5) 最小铜膜线走线宽度为 "10 mil",电源线的铜膜线宽度为 "20 mil"。

(6) 画出原理图后进行电气规则检查、创建网络表、手工布局、自动布线。

操作提示

(1) 画原理图。

(2) 进行 ERC 检查,创建网络表。

(3) 利用同步器装入网络表和元件:

① 打开原理图文件,执行菜单命令 "Design\Updata PCB" (更新 PCB),系统弹出同步器选择目标文件对话框。在所列出的 PCB 文件中,选取新建的 "全自动楼道节能灯电路" PCB 文档,单击 "Apply" 按钮,系统弹出同步器参数设置对话框。

② 单击 "Execute" 按钮,装入网络表及元件。

(4) 修改二极管 VD1～VD3 的管脚号,使原理图与 PCB 一致。

(5) 在 "Design\Rules" 菜单中设置整板、电源线的线宽。

(6) 调整元件布局,然后进行自动布线。

练习三十　单片机数码管控制电路的 PCB 设计

实训内容

试画如图 14-44 所示的单片机数码管控制电路,图中电路元件说明如表 14-13 所示。设计要求如下：

(1) 使用双面板，板框尺寸为"3300 mil × 3500 mil"。

(2) 采用插针式元件。

(3) 镀铜过孔。

(4) 焊盘之间允许走一根铜膜线。

(5) 最小铜膜线走线宽度为"10 mil"，电源线的铜膜线宽度为"20 mil"。

(6) 画出原理图后进行电气规则检查、创建网络表、手工布局、自动布线。

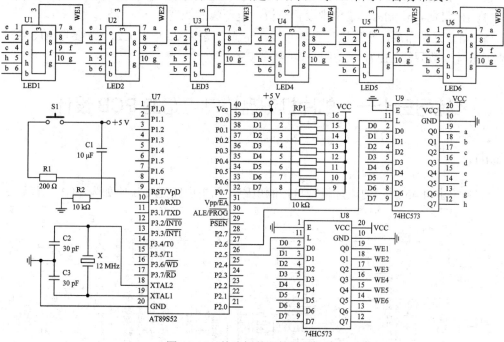

图 14-44　单片机数码管控制电路

表 14-13　电路元件明细表

Designator	Foot print	Lib Ref
U1～U6	DIP-10	新建元件
U7	DIP40	由 8051 元件修改而成
U8、U9	DIP20	由 74HC573 元件修改而成
RP1	DIP-16	RESPACK4
R1、R2	AXIAL0.4	RES2
S1	SIP-2	SW-PB
C1、C2、C3	RAD0.1	CAP
X	XTAL1	CRYSTAL

操作提示

(1) 画原理图。其中数码管 LED1～LED6 为新建原理图元件。AT89S52 由 8051 元件修改而成；74HC573 为"Protel DOS Schematic TTL.Lib"库中 74HC573 元件修改而成。

(2) 进行 ERC 检查，创建网络表。

(3) 利用同步器装入网络表和元件：

① 打开原理图文件，执行菜单命令"Design\Updata PCB(更新 PCB)"，系统弹出同步器选择目标文件对话框。在所列出的 PCB 文件中，选取新建的"单片机数码管控制电路"PCB 文档，单击"Apply"按钮，系统弹出同步器参数设置对话框。

② 单击"Execute"按钮，装入网络表及元件。

(4) 在"Design\Rules"菜单中设置整板、电源线的线宽。

(5) 调整元件布局，然后进行自动布线。注意，晶振 X、电容 C2、C3 要与 AT89S52 元件靠近放置。数码管 LED1～LED6 从左到右整齐排放。

练习三十一　单片机键盘控制电路的 PCB 设计

实训内容

试画如图 14-45 所示的单片机键盘控制电路，图中电路元件说明如表 14-14 所示。

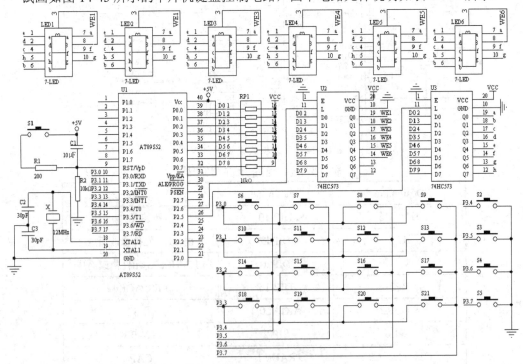

图 14-45　单片机键盘控制电路

设计要求如下：

(1) 使用双面板，板框尺寸约为"3300 mil × 3500 mil"。

(2) 采用插针式元件。

(3) 镀铜过孔。

(4) 焊盘之间允许走一根铜膜线。

(5) 最小铜膜线走线宽度为"10 mil",电源线的铜膜线宽度为"20 mil"。

(6) 画出原理图后进行电气规则检查、创建网络表、手工布局、自动布线。

表 14-14 电路元件明细表

Designator	Foot print	Lib Ref
LED1～LED6	DIP-10	新建元件
U1	DIP40	由 8051 元件修改而成
U2、U3	DIP20	由 74HC573 元件修改而成
RP1	DIP-16	RESPACK4
R1、R2	AXIAL0.4	RES2
C1、C2、C3	RAD0.1	CAP
X	XTAL1	CRYSTAL
S1～S21	SIP2	SW-PB

操作提示

(1) 画原理图。其中数码管 LED1～LED6 为新建原理图元件。AT89S52 由 8051 元件修改而成;74HC573 为"Protel DOS Schematic TTL.Lib"库中 74HC573 元件修改而成。

(2) 进行 ERC 检查,创建网络表。

(3) 直接装入装入网络表和元件:新建"单片机键盘控制电路.PCB"文档,规划电路板尺寸大小。执行菜单命令"Design\Load Nets",选中"单片机键盘控制电路.NET",装入网络表及元件。

(4) 在"Design\Rules"菜单中设置整板、电源线的线宽。

(5) 调整元件布局,然后进行自动布线。注意,S1、晶振 X、电容 C2、C3 要与 AT89S52 元件靠近放置;数码管 LED1～LED6 从左到右整齐排放;S6～S21 排成 4x4 矩阵形式;S2～S5 排成一列。

实训十五　　PCB 元件封装的创建与编辑

实训目的

(1) 掌握元件封装库编辑器的启动与关闭方法。

(2) 熟悉元件封装库编辑器的界面。

(3) 掌握手工创建法与向导创建法两种创建元件封装库的方法。

(4) 掌握使用新建元件封装的方法。

(5) 学会编辑系统封装库中的元件封装，并加以应用。

实训设备

电子 CAD 软件 Protel 99 SE、PC 机。

练习一　　创建元件封装库

实训内容

建立一个名为"自建元件封装"的元件封装库。

操作提示

(1) 在 Protel 99 SE 环境下，执行菜单命令"File\New Design"，建立设计数据库，并修改设计数据库的名称为"自建元件封装.ddb"。

(2) 执行菜单命令"File\New"，在弹出的窗口中选择"PCB Library Document" 图标，如图 1-3 所示。

(3) 更改元件封装库名称为"新建元件封装.Lib"。

(4) 打开该文件，就进入了 PCB 元件封装编辑器的工作界面。

练习二　　手工创建元件封装

实训内容

手工创建如图 15-1 所示的 DIP-8 元件封装。尺寸：焊盘的垂直间距为 100 mil，水平间距为 300 mil，外形轮廓框长为 400 mil，宽为 200 mil，每边距焊盘 50 mil，圆弧半径为 25 mil。焊盘的直径设为 50 mil，通孔直径设为 32 mil。元件封装命名为 DIP-8，并保存到封装库中。

然后打开一个PCB文件，加载该元件封装库，并放置元件。

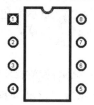

图15-1　DIP-8元件封装

操作提示

(1) 建立新元件画面：在PCB元件封装编辑器的工作界面，单击"Browse PCBLib"元件库管理器中的"Add"按钮，或执行菜单命令"Tools\New Component"，系统将弹出"Component Wizard"对话框，如图15-2所示。单击"Cancel"按钮，则建立了一个新的编辑画面，新元件的默认名是"PCBCOMPONENT_1"。(注：如果是新建一个PCB元件库，系统自动打开一个新的画面，可以省略这一步。)

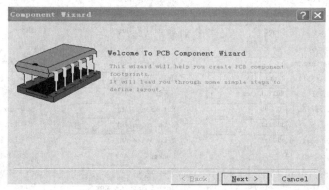

图15-2　元件封装生成向导

(2) 在没有执行任何放大、缩小等画面操作命令时，工作窗口出现一个十字线，如图15-3所示。通常在坐标原点附近进行元件封装的编辑。

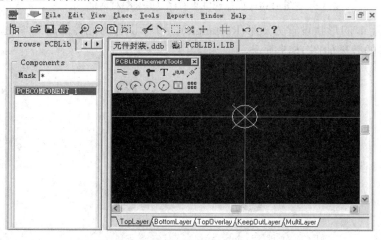

图15-3　元件封装库编辑器工作界面

(3) 执行菜单命令"Tools\Library Options"和"Tools\Preferences"，设置一些相关的环境参数，如工作层、计量单位、栅格尺寸、显示颜色、显示坐标原点等。一般采用默认的设置参数。

(4) 放置焊盘：

① 执行菜单命令"Place\Pad"，或单击放置工具栏中的 ◉ 按钮。

② 光标变成十字形，并带有一个焊盘。移动光标到坐标原点，单击鼠标左键放置第一个焊盘。

③ 双击该焊盘，在弹出的焊盘属性设置对话框中，设置"Designator"的值为"1"。

④ 按照焊盘的间距要求，放置其他七个焊盘。

⑤ 利用焊盘属性设置对话框中的全局编辑功能，统一修改焊盘的尺寸。焊盘的直径设为"50 mil"，通孔直径设为"32 mil"，如图 15-4 所示。

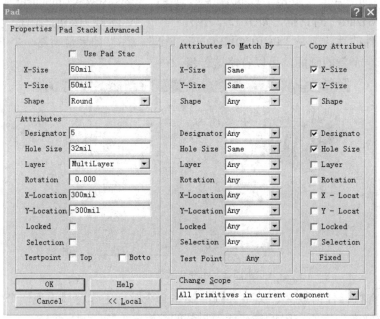

图 15-4　焊盘属性设置(全局编辑)对话框

⑥ 将焊盘 1 的形状设置为矩形(Rectangle)，以标识它为元件的起始焊盘。完成焊盘放置的元件封装的效果如图 15-5 所示。

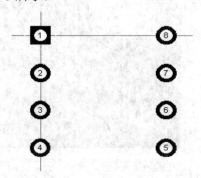

图 15-5　完成焊盘放置的元件封装的效果

(5) 绘制外形轮廓：

① 将工作层切换为顶层丝印层(TopOverLay)。

② 因为圆弧半径为 25 mil，所以将捕获栅格从"20 mil"设为"5 mil"，以便于捕获位置。单击主工具栏上的 ⊞ 按钮，在弹出的对话框中输入"5 mil"即可。

③ 利用中心法绘制圆弧。圆心坐标为(150，50)，半径为 25 mil，圆弧形状为半圆。执行菜单命令"Place\Arc(Center)"，或单击放置工具栏中的 ⊙ 按钮即可绘制圆弧。

④ 执行菜单命令"Place\Track"，或单击放置工具栏中的 ≋ 按钮，绘制元件的边框。以圆弧为起点，边框长为"400 mil"，宽为"200 mil"，每边距焊盘"50 mil"。完成绘制外形轮廓的元件封装的效果如图 15-1 所示。

(6) 设置元件参考坐标：在菜单命令"Edit\Set Reference"下，设置参考坐标的命令有三个。

Pin1：设置引脚 1 为参考点；

Center：将元件的中心作为参考点；

Location：选择一个位置作为参考点。可选择引脚 1 作为参考点。

(7) 命名与保存：

① 命名：用鼠标左键单击 PCB 元件库管理器中的"Rename"按钮，或执行菜单命令"Tool\Rename Component"，系统弹出重命名元件对话框，在对话框中输入新建元件封装的名称"DIP-8"，单击"OK"按钮即可。

② 保存：执行菜单命令"File\Save"，或单击主工具栏中的 🖫 按钮，可将新建元件封装保存在元件封装库中，在需要的时候可任意调用该元件。

(8) 使用新元件封装的方法：

方法一：打开一个 PCB 文件，加载该元件封装库，并放置元件。

方法二：在 PCB 元件库编辑器中，单击"Browse PCBLib"浏览管理器中的"Place"按钮，即可将新元件封装放到 PCB 编辑器中。

练习三　使用向导创建元件封装

实训内容

使用向导创建如图 15-6 所示名为 DIP-6 的元件封装。焊盘直径设为"50 mil"，通孔直径设为"32 mil"，设置水平间距为"300 mil"，垂直间距为"100 mil"，外形轮廓线宽为"10 mil"。

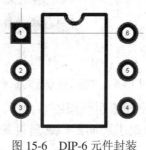

图 15-6　DIP-6 元件封装

操作提示

(1) 在元件封装库编辑器中，执行菜单命令"Tools\New Component"，或在 PCB 元件库管理器中单击"Add"按钮，系统弹出元件封装生成向导，如图 15-2 所示。

(2) 单击"Next"按钮，弹出元件封装样式列表框，如图 15-7 所示，选择双列直插封装(Dual in-line Package(DIP))选项。在对话框右下角，还可以选择计量单位，默认为英制。

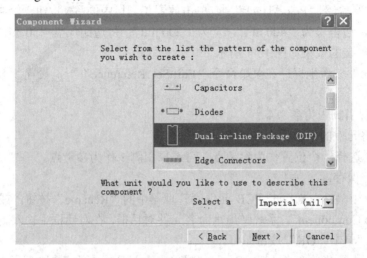

图 15-7 元件封装样式列表框

(3) 单击"Next"按钮，弹出设置焊盘尺寸的对话框，如图 15-8 所示。对需要修改的数值，在数值上单击鼠标左键，然后输入数值即可。这里将焊盘直径改为"50 mil"，通孔直径改为"32 mil"。

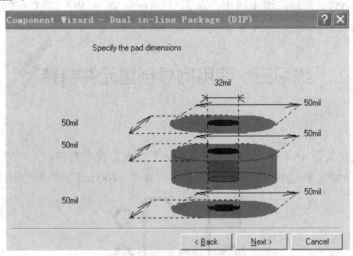

图 15-8 焊盘尺寸设置对话框

(4) 单击"Next"按钮，弹出设置引脚间距对话框，如图 15-9 所示。在数值上单击鼠标左键，然后输入数值即可修改引脚间距。这里设置水平间距为"300 mil"，垂直间距为"100 mil"。

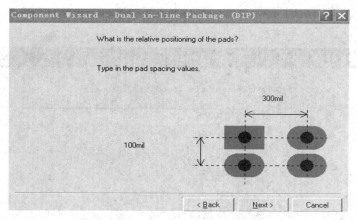

图 15-9 引脚间距设置对话框

(5) 单击"Next"按钮,弹出设置元件外形轮廓线宽对话框,如图 15-10 所示。外形轮廓线宽设为"10 mil"。

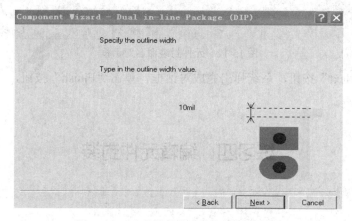

图 15-10 元件外形轮廓线宽设置对话框

(6) 单击"Next"按钮,弹出设置元件引脚数量的对话框,如图 15-11 所示。引脚数量设为"6"。

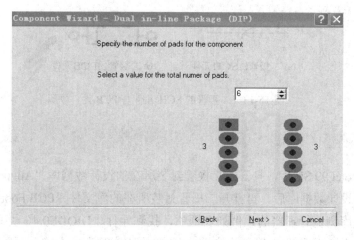

图 15-11 引脚数量设置对话框

(7) 单击"Next"按钮，弹出设置元件封装命名对话框，如图 15-12 所示。元件封装名称设为"DIP-6"。

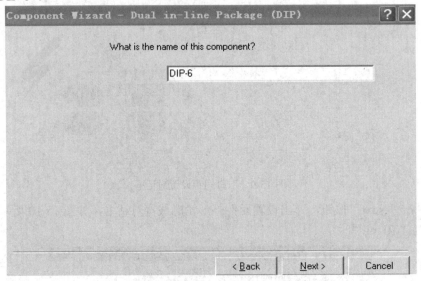

图 15-12　元件封装命名对话框

(8) 单击"Next"按钮，系统弹出完成对话框，单击"Finish"按钮，生成的新元件封装如图 15-6 所示。

练习四　编辑元件封装

实训内容

编辑元件封装库中元件的引脚焊盘编号。二极管的 SCH 元件及 PCB 元件如图 15-13 所示，请将 PCB 元件封装库中二极管的引脚编号"A"改为"1"、"K"改为"2"。

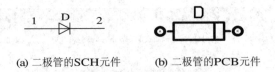

(a) 二极管的SCH元件　　　　(b) 二极管的PCB元件

图 15-13　二极管的 SCH 元件与 PCB 元件

操作提示

(1) 启动 Protel 99 SE 后，打开该二极管封装所在的设计数据库"Advpcb.ddb"。

(2) 打开该设计数据库后，再打开二极管封装所在的库文件"PCB FootPrints.lib"。

(3) 在元件库浏览管理器的元件列表框中，找到元件"DIODE0.4"并单击它，使其显示在工作窗口，同时它的两个焊盘的编号(A 和 K)在引脚列表框中显示。如图 15-14 所示。

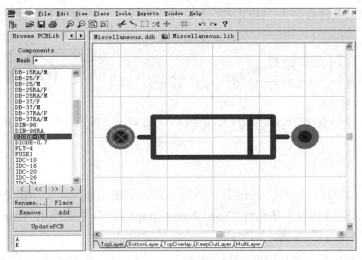

图 15-14　PCB 元件库元件封装

(4) 在引脚列表框中，选取编号"A"，单击按钮"Edit Pad"，或在工作窗口中双击焊盘"A"，或在引脚列表框中双击编号"A"，都可弹出该焊盘的属性设置对话框，如图 15-15 所示。在"Designator"文本框中，将编号"A"改为"1"。同理，将编号"K"改为"2"。

(5) 保存修改的结果。

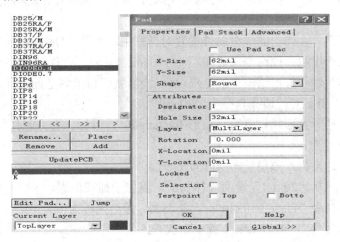

图 15-15　焊盘属性设置对话框

练习五　绘制新元件封装

实训内容

如图 15-16 所示为发光二极管的 SCH 元件，请绘制出如图 15-17 所示的对应元件封装。两个焊盘的"X-Size"和"Y-Size"都为"60 mil"，"Hole Size"为"30 mil"，阳极的焊盘为方形，编号为"A"，阴极的焊盘为圆形，编号为"K"，外形轮廓为圆形，半径为"120 mil"，并绘出发光指示。元件命名为"DIODE0.12"。然后打开一个 PCB 文件，加载该元件封装库，并放置元件。

图 15-16　发光二极管的 SCH 元件 　　　　图 15-17　发光二极管的 PCB 元件封装

操作提示

(1) 建立新元件封装画面：在 PCB 元件封装编辑器的工作界面，单击 PCB 元件库管理器中的"Add"按钮，或执行菜单命令"Tools\New Component"，系统弹出"Component Wizard"对话框，单击"Cancel"按钮，则建立了一个新的编辑画面。

(2) 执行菜单命令"Tools\Library Options"和"Tools\Preferences"，设置一些相关的环境参数，如工作层、计量单位、栅格尺寸、显示颜色、显示坐标原点等。一般采用默认的参数设置。

(3) 放置焊盘：

① 执行菜单命令"Place\Pad"，或单击放置工具栏中的 ◉ 按钮。

② 光标变成十字形，并带有一个焊盘。移动光标到坐标原点，单击鼠标左键放置第一个焊盘。

③ 双击该焊盘，在弹出的焊盘属性设置对话框中，设置"Designator"的值为"A"。

④ 放置第二个焊盘，使两个焊盘间距为 120 mil，并设置"Designator"的值为"K"。

⑤ 利用焊盘属性设置对话框中的全局编辑功能，统一修改焊盘的尺寸，如图 15-4 所示。设焊盘的直径为"60 mil"，通孔直径为"30 mil"。

⑥ 将焊盘 1 的焊盘形状设置为"矩形(Rectangle)"，以标识它为元件的起始焊盘。

(4) 绘制外形轮廓：

① 将工作层切换为"顶层丝印层(TopOverLay)"。

② 将捕获栅格从"20 mil"设为"10 mil"，以便于捕获位置。

③ 执行菜单命令"Place\Full circle"，绘制圆。圆心坐标为(60, 0)，半径为"120 mil"。

④ 执行菜单命令"Place\Track"，或单击放置工具栏中的 ≈ 按钮，绘制发光指示箭头。

(5) 设置元件参考坐标：在菜单命令"Edit\Set Reference"下，设置引脚 1 为参考点。

(6) 命名与保存：

① 命名：用鼠标左键单击 PCB 元件库管理器中的"Rename"按钮，弹出重命名元件对话框，在对话框中输入新建元件封装的名称"DIODE0.12"，单击"OK"按钮即可。

② 保存：执行菜单命令"File\Save"，或单击主工具栏中的 💾 按钮，可将新建元件封装保存在"元件封装库"中，在需要的时候可任意调用该元件。

(7) 使用新元件封装的方法：

方法一：打开一个 PCB 文件，加载该元件封装库，并放置元件。

方法二：在 PCB 元件封装库编辑器中，单击"Browse PCBLib"浏览管理器中的"Place"按钮，如图 15-14 所示，即可将新元件封装放到 PCB 编辑器中。

练习六　编辑元件封装

实训内容

NPN 型三极管元件如图 15-18 所示，其对应元件封装选择 TO-5，如图 15-19 所示。由于在实际焊接时，TO-5 的焊盘 1 对应发射极，焊盘 2 对应基极，焊盘 3 对应集电极，它们之间存在引脚的极性不对应问题，请修改 TO-5 的焊盘编号，使它们之间保持一致，并重命名为 TO-5A。然后打开一个 PCB 文件，加载该元件封装库，并放置该元件。

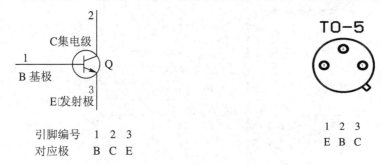

| | 图 15-18　三极管元件 | 图 15-19　三极管元件封装 |

操作提示

(1) 启动 Protel 99 SE 后，打开该三极管封装所在的设计数据库"Advpcb.ddb"。

(2) 打开三极管封装所在的库文件"PCB FootPrints.Lib"。

(3) 在元件库浏览管理器的元件列表框中，找到元件 TO-5 并单击它，使之显示在工作窗口，同时它的三个焊盘的编号(1、2、3)在引脚列表框中显示，如图 15-20 所示。

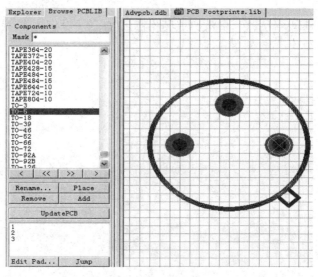

图 15-20　PCB 元件封装库中的元件

(4) 在引脚列表框中，选取编号"1"，单击按钮"Edit"，或在工作窗口中双击"焊盘 1"，或在引脚列表框中双击"编号 1"，都可弹出该焊盘的属性设置对话框，如图 15-21 所示。在"Designator"文本框中，将编号"1"改为"3"。同理，将编号"2"改为"1"，编号"3"改为"2"。

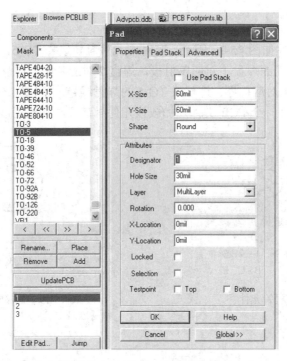

图 15-21　焊盘属性设置对话框

(5) 命名：用鼠标左键单击 PCB 元件库管理器中的"Rename"按钮，弹出重命名元件对话框，在对话框中输入新建元件封装的名称"TO-5A"，单击"OK"按钮即可。

(6) 保存修改的结果。

(7) 使用新元件封装的方法：同练习五操作提示(7)。

电路仿真篇

实训十六 电 路 仿 真

实训目的

(1) 掌握加载仿真元件库的方法。
(2) 掌握电路节点参数分析方法。
(3) 熟悉仿真元件库中的元件。
(4) 熟悉仿真参数设置方法。

实训设备

电子 CAD 软件 Protel 99 SE、PC 机。

练习一 调入仿真元件库

实训内容

练习调入仿真元件库：Sim.ddb。

操作提示

(1) 在设计管理器中选择"Browse Sch"页面，在该页面的"Browse"区域的下拉框中选择"Libraries"。

(2) 单击"Add/Remove"按钮，在弹出的窗口上部搜寻下拉框中，选择 Protel 99 SE 所在的文件夹，再选择路径："Protel 99 SE 文件夹\Library\Sch"，如图 4-1 所示。

(3) 在元件库显示窗口中找到"Sim"，单击窗口底部的"Add"按钮，就可以看到在窗口中的"Selected Files"区域将显示仿真元件库"Sim"的路径。

(4) 单击"OK"按钮，即可将仿真元件库添加到元件库管理器。

练习二 认识仿真元件库

实训内容

认识仿真元件库和库中的内容。

操作提示

Protel 99 SE 中有如下仿真元件库：

7SEGDISP.Lib：七段数码管库

74xx.Lib：通用 74 系列数字集成电路库

BJT.Lib：双极型三极管库

BUFFER.Lib：缓冲器库

CAMP.Lib：电流放大器库

CMOS.Lib：CMOS 数字集成电路库

COMPARATOR.Lib：比较器库

CRYSTAL.Lib：石英晶体库

DIODE.Lib：二极管库

IGBT.Lib：绝缘栅双极性晶体管库

JFET.Lib：结型场效应晶体管库

MATH.Lib：具有各种数学功能的两端口元件库

MISC.Lib：综合元件库(包括模数、数模和锁相等电路)

MESFET.Lib：金属半导体场效应晶体管库

MOSFET.Lib：金属氧化物场效应管库

OPAMP.Lib：运算放大器库

OPTO.Lib：光电耦合器库(包括 4N25)

RELAY.Lib：继电器库(如 5 V、12 V 等继电器)

REGULATOR.Lib：稳压电源库(包括 7805、7812、LM317 和 TL431 等)

SCR.Lib：晶闸管库

Simulation Symbols.Lib：基本仿真元件库(包括电阻、电容、电感、各种电源等基本仿真器件)

SWITCH.Lib：开关元件库

TIMER.Lib：时基电路库(包括 555 和 556)

TRANSFORMER.Lib：变压器元件库

TRANSLINE.Lib：传输线元件库

TRIAC.Lib：双向晶闸管库

TUBE.Lib：电子管库

UJT.Lib：单结晶体管库

练习三　认识基本仿真元件

实训内容

认识基本仿真元件，如图 16-1 所示。

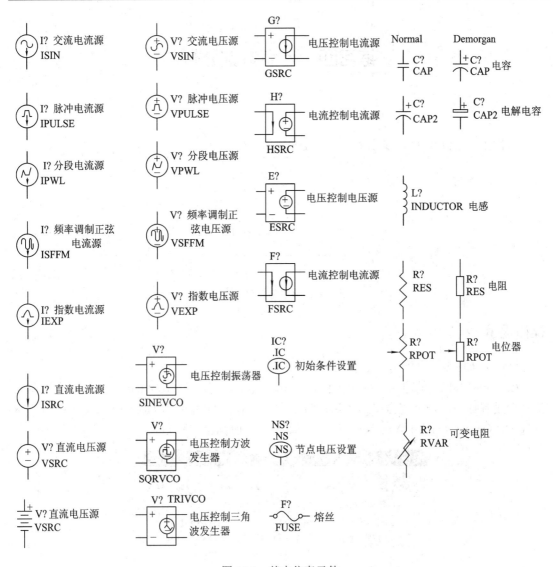

图 16-1 基本仿真元件

操作提示

选择 Simulation Symbols.Lib，查看基本仿真元件：

CAP：电容   CAP2：电解电容

INDUCTOR：电感   RES：电阻

VSRC：直流电压源   ISRC：直流电流源

VSIN：正弦电压源   ISIN：正弦电流源

VPULSE：脉冲电压源

其中的电阻、电解电容、电位器、直流电压源等元件具有欧洲图形，可以在元件属性设置窗口的图形(Graphical Attrs)设置页面将图形模式(Mode)从"Normal"转换成"Demorgan"。

练习四　节点参数分析

实训内容

如图 16-2 所示电路，试求 N1 节点处的电压。

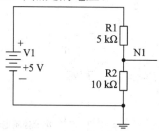

图 16-2　节点电压分析电路

操作提示

(1) 画电路图：用仿真库中的元件画出电路图。

(2) 求取 N1 点的电压，使用工作点分析。执行菜单命令"Simulate\Setup"，屏幕弹出仿真器设置窗口，选择该窗口的"General"页面，在该页面的"Select Analyses to Run"区域选中"Operating Point Analysis"选项，如图 16-3 所示。

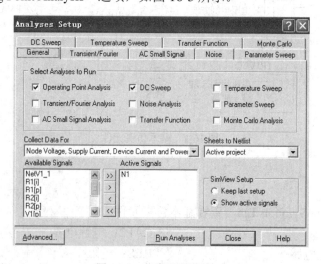

图 16-3　仿真器设置窗口

(3) 在左下角的"Available Signals"选项框中，选择"N1"，单击">"按钮，即可将 N1 放在"Active　Signals"选项框中。在右下角的"SimView Setup"区域选中"Show active signals"选项。

(4) 设置完成后，单击"Run Analyses"按钮，开始分析，"仿真 .sdf"文件显示分析结果，如图 16-4 所示。

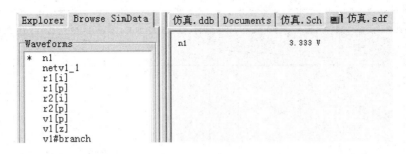

图 16-4　仿真分析结果

练习五　直流扫描分析

实训内容

对练习四中的电路图进行直流扫描分析(DC Sweep)。求当直流电压源的电压从 1 V 变化到 15 V 时 N1 点的电压变化曲线。

操作提示

(1) 执行菜单命令"Simulate\Setup",设置"General"页面,在该页面的"Select Analyses to Run"区域选中"DC Sweep"选项框,如图 16-3 所示。

(2) 设置 DC Sweep。如图 16-5 所示,选中"DC Sweep Primary"选项,在"Source Name"右侧选中"V1",在"Start Value"中输入"1.000",在"Stop Value"中输入"15.00",在"Step Value"中输入"1.000"。单击"Run Analyses"按钮,开始分析。

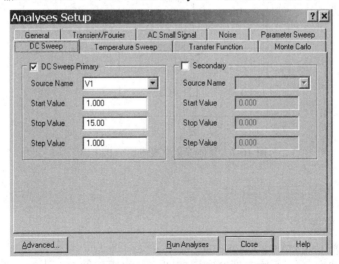

图 16-5　直流分析参数设置对话框

(3) "Sheet1.sdf 文件"(DC Sweep)显示分析结果,如图 16-6 所示。

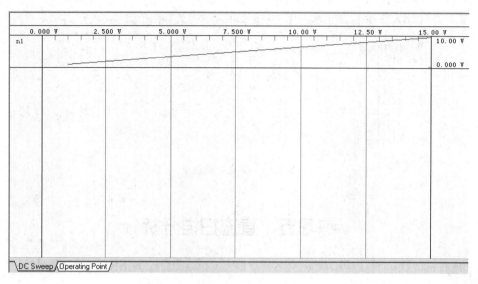

图 16-6　分析结果

练习六　工作点分析

实训内容

试求图 16-7 所示电路的静态工作点和当温度在 0℃～100℃变化时的晶体管集电极电压。

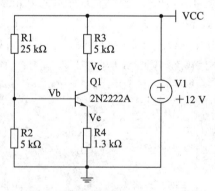

图 16-7　晶体管集电极电压分析电路

操作提示

(1) 求静态工作点。

使用工作点分析(Operating Point Analysis)求静态工作点。

① 用仿真库(Sim.ddb)中的元件绘制原理图，并将原理图命名为"工作点.sch"。

② 执行菜单命令"Simulate\Setup"，屏幕弹出仿真器设置窗口，如图 16-8 所示。

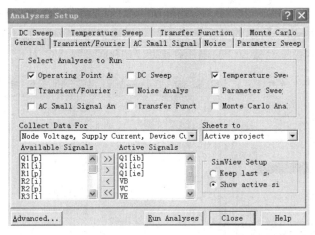

图 16-8　仿真器设置窗口

③ 选择该窗口的"General"页面，在"Select Analyses to Run"区域选中"Operating Point Analysis"按钮。

④ 在左下角的"Available Signals"选项框中，选择"Q1[ib]"、"Q1[ic]"、"Q1[ie]"、"VB"、"VC"、"VE"，单击">"按钮，即可将选中的网络放在"Active Signals"选项框中。在右下角的"SimView Setup"区域选择"Show active signals"。

⑤ 设置完成后，单击"Run Analyses"按钮，开始分析，"工作点.sdf"文件显示分析结果。在仿真结果画面"工作点.sdf 页面"上是电路中所有节点、支路电流和各个元件的功率。

(2) 温度扫描。

① 将原理图复制并命名为"温度分析.sch"。

② 执行菜单命令"Simulate\Setup"，屏幕弹出仿真器设置窗口，如图 16-8 所示。

③ 在"General"页面下，选中"Temperature Sweep"和"Operating Point Analysis"选项。然后选择"Temperature Sweep"页面，设置该页面，在"Step Value"中输入"20.00"，如图 16-9 所示。

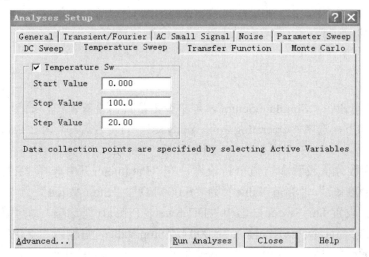

图 16-9　温度扫描分析参数设置对话框

④ 单击"Run Analyses"按钮,开始分析。分析结果见"温度分析.sdf",如图 16-10 所示。在"温度分析.sdf"所示的分析结果中,可以看出每一步温度扫描引起的静态工作点的变化。例如:晶体管集电极 VC 的电压在温度为 100℃时,VC 为 6.184 V。

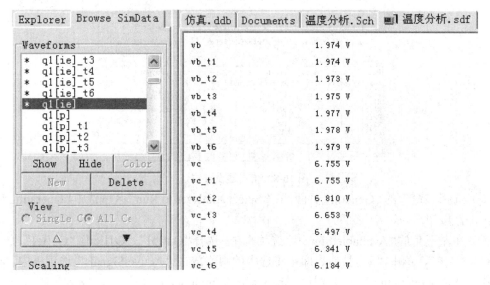

图 16-10　温度分析结果

注意:温度扫描必须和瞬态、交流、噪声、直流、传递函数、静态工作点分析中的一种共同分析才能完成。

练习七　参数分析

实训内容

使用参数分析,求图 16-7 所示电路的集电极电阻 R3 为 1 kΩ、2 kΩ、3 kΩ、4 kΩ、5 kΩ、6 kΩ 时的集电极电压。

操作提示

(1) 执行菜单命令"Simulate\Setup",屏幕弹出仿真器设置窗口,如图 16-8 所示。在"General"页面下,选中"Operating Point Analysis"、"DC Sweep"和"Parameter Sweep"选项。

(2) 进行参数分析设置和直流分析设置。在"Parameter"中选择"R3",设置"Start Value"为"1.000 kΩ","Stop Value"为"6.000 kΩ","Step Value"为"1.000 kΩ",如图 16-11 所示。设置 DC Sweep,选中"DC Sweep Primary"选项,在"Source Name"右侧选中"V1","Start Value"中输入"0.000","Stop Value"中输入"12.00","Step Value"中输入"1.000"。

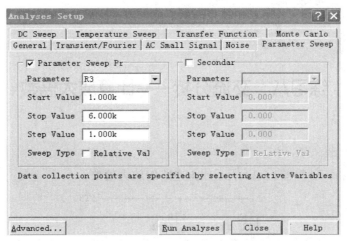

图 16-11 参数扫描分析设置对话框

(3) 单击"Run Analyses"按钮，开始分析。如图 16-12、图 16-13 所示为"参数分析.sdf"，切换图形下面的"DC Sweep"与"Operating Point"查看分析结果。

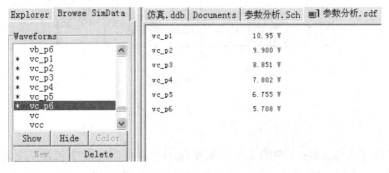

图 16-12 参数分析结果(数据)

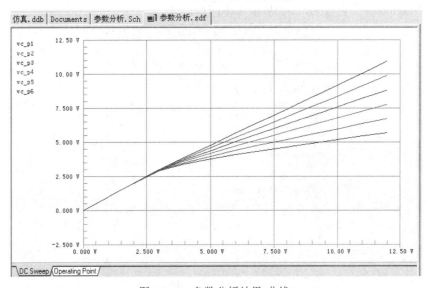

图 16-13 参数分析结果(曲线)

在"参数分析.sdf"中显示的是当集电极电阻 R3 变化时 VC 工作点的变化，并显示当

R3 变化时，若电源电压 V1 也变化引起的集电极电压 VC 的变化曲线族，使用光标可以读取这些曲线的数据。

练习八　交流分析——计算放大倍数

实训内容

使用交流分析，计算图 16-14 所示放大电路的放大倍数。

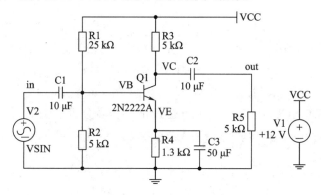

图 16-14　放大电路

操作提示

(1) 用仿真库"Sim.ddb"中的元件绘制原理图，并将原理图命名为"交流分析.sch"。

(2) 图中 V2 是正弦信号源，双击该元件进入属性设置中的"Part Fields"页面，将电压数值"AC Magnitude"设置为"5 mV"，如图 16-15 所示。

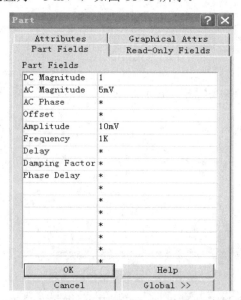

图 16-15　信号源参数设置

(3) 执行菜单命令"Simulate\Setup"，在屏幕弹出的仿真器设置窗口的"General"页面上，选择交流分析("AC Small Signal Analysis")。在左下角的"Available Signals"选项框中，选择"IN"、"OUT"，单击">"按钮，即可将"IN"、"OUT"放在"Active Signals"选项框中。在右下角的"SimView Setup"区域选中"Show active signals"选项。

(4) 设置"AC Small Signal"。在"AC Analysis"中，设置"Start Frequency"为"1.000"，"Stop Frequency"为"10.00meg"，"Test Points"为"100"，在"Sweep Type"区域选中"Decade"选项，如图16-16所示。单击"Run Analyses"按钮，开始分析。

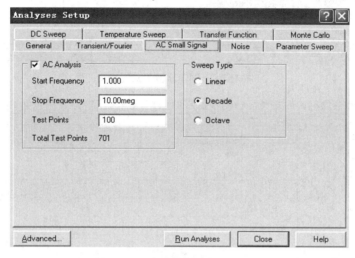

图16-16 交流信号分析参数设置

(5) 输出结果见"交流分析.sdf"，如图16-17所示。它是输出端电压out的频率特性，可以执行菜单命令"View\Scaling"，将X轴的标尺(X-Scale)改为对数(Log)形式。

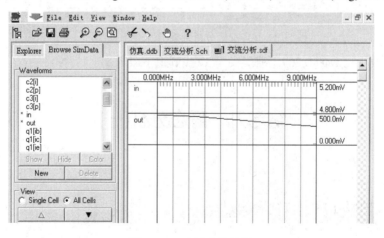

图16-17 交流分析结果

(6) 求该电路的放大倍数：单击"New"按钮，屏幕弹出如图16-18所示的创建新波形对话框。在该对话框中，选择"out"信号，然后选择"除号"，再选择"in"信号，单击"Create"按钮关闭该窗口。选中"View"区域的"Single Cell"选项，屏幕就显示放大倍数曲线，如图16-19所示。由图中可以看出中频放大倍数为97.4。

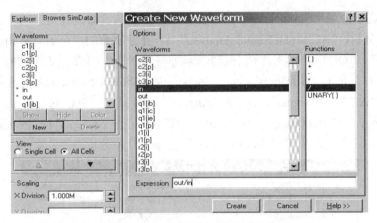

图 16-18　创建新波形对话框

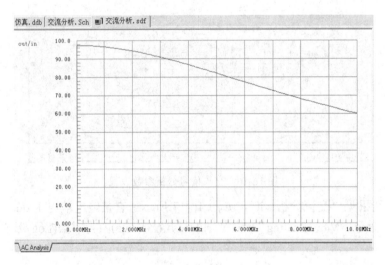

图 16-19　交流分析结果(放大倍数曲线)

(7) 寻找放大倍数的 0.707 倍数点，可以找到上下限频率。

练习九　瞬态分析(一)

实训内容

对练习八中所示的电路进行瞬态分析。

操作提示

瞬态分析就是在输入端加入振幅(Amplitude)为 10 mV，频率(Frequency)为 1 kHz 的正弦信号，然后仿真输出端的波形。

(1) 执行菜单命令"Simulate\Setup"，在屏幕弹出的仿真器设置窗口的"General"页面下选中"Operating Point Analysis"、"Transient\Fourier Analysis"选项，如图 16-3 所示。

(2) 设置瞬态分析。在"Transient\Fourier"页面中选中"Transient Analysis"选项，并选中"Always set defaults"(缺省设置)选项，如图 16-20 所示。

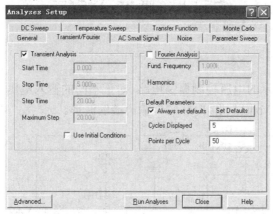

图 16-20　瞬态分析参数设置

(3) 单击"Run Analyses"按钮，开始分析。

(4) 输出波形见"瞬态分析.sdf"，如图 16-21 所示。可以使用单曲线显示方式和光标，使显示满足要求。在"Explorer Browse SimDate"下选择"New"按钮，在弹出窗口中添加输出平均值和有效值曲线，如图 16-22 所示。

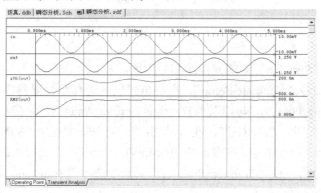

图 16-21　瞬态分析结果

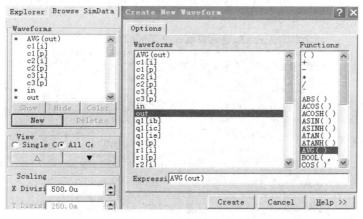

图 16-22　创建新波形对话框

练习十　瞬态分析(二)

实训内容

画出如图 16-23 所示的电压控制振荡电路。对于不同的输入电压,振荡频率要随之变化,使用瞬态分析,观察"Vout1"和"Vout2"输出端的波形。

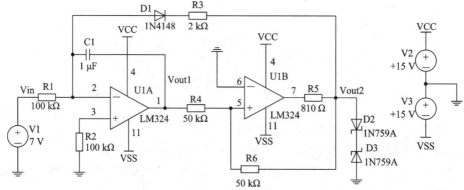

图 16-23　电压控制振荡电路

操作提示

(1) 用仿真库"Sim.ddb"中的元件绘制原理图。

(2) 执行菜单命令"Simulate\Setup",在屏幕弹出的仿真器设置窗口的"General"页面下,选择"Operating Point Analysis"、"Transient\Fourier Analysis"。在左下角的"Available Signals"选项框中,选择 VIN、OUT、V01,单击">"按钮,即可将"VIN"、"OUT"、"V01"放在"Active Signals"选项框中。在右下角的"SimView Setup"下选择"Show active signals"。

(3) 设置瞬态分析:在"Transient/Fourier"页面中选中"Transient Analysis"选项,并设置"Start Time"为"0.000","Stop Time"为"500.0m","Step Time"为"150.0u","Maximum Step"为"150.0u";在右下角设置"Cycles Displayed"为"5","Points Per Cycle"为"50",如图 16-24 所示。

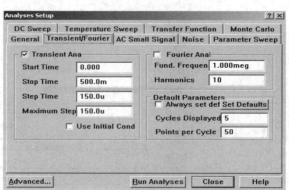

图 16-24　瞬态分析参数设置

(4) 单击"Run Analyses"按钮，开始分析。

(5) 分析结果见"瞬态分析 1.sdf"，如图 16-25 所示。在左下角的"Measurement Cursors"选项 A、B 中，分别选择"out"，在第三个选项的下拉菜单中选择"Frequency A...B"，从而求出一个输出频率。从图中可以得出输出电压的频率和输入电压的关系为 $f \approx 0.622*V1$。

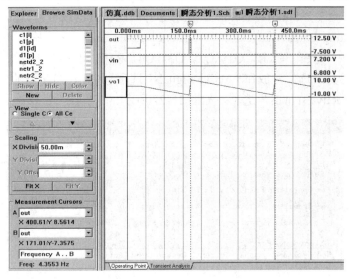

图 16-25　瞬态分析结果

练习十一　瞬态分析(三)

实训内容

如图 16-26 所示为数字电路，使用瞬态分析，观察流过二极管、电阻和电源 V2 的电流波形，观察 CLK、Q1、Q2、Q3、Q4 和 SS 点的电压波形。图中脉冲源的电压设置为 5 V。

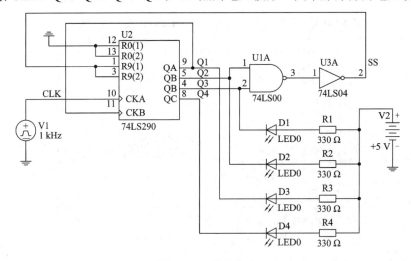

图 16-26　数字电路

操作提示

(1) 用仿真库"Sim.ddb"中的元件绘制原理图。双击脉冲电源"V1"进行属性设置,在属性设置对话框中选择"Part Fields",在"Pulsed Value"中设置脉冲源电压为"5 V"。

(2) 执行菜单命令"Simulate\Setup",在屏幕弹出的仿真器设置窗口的"General"页面下,选择"Operating Point Analysis"、"Transient/Fourier Analysis",在左下角的"Available Signals"选项框中,选择"CLK、Q1、Q2、Q3、Q4、R1[i]、R2[i]、R3[i]、R4[i]、SS",单击">"按钮,即可将所选信号放在"Active Signals"选项框中。在右下角的"SimView Setup"区域选中"Show active signals"选项,如图 16-27 所示。

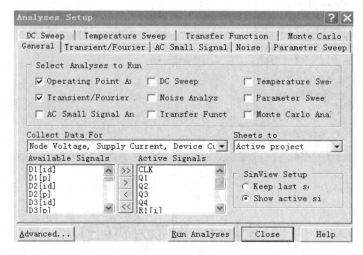

图 16-27 仿真设置对话框

(3) 设置瞬态分析。在"Transient\Fourier"页面中选中"Transient Analysis"选项,并设置"Start Time"为"0.000","Stop Time"为"20.00m","Step Time"为"20.00u","Maximum Step"为"20.00u";在右下角设置"Cycles Displayed"为"5","Points Per Cycle"为"50",如图 16-28 所示。

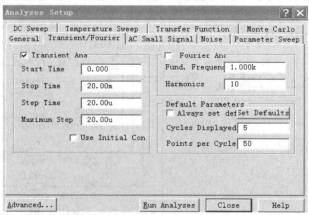

图 16-28 瞬态分析设置对话框

(4) 单击"Run Analyses"按钮,开始分析。

(5) 分析结果如图 16-29 所示。

由图 16-29 可以看出，流过电源 V2、二极管和电阻的电流波形有很多尖峰。因为实际电源具有内阻，所以这些电流尖峰会引起尖峰电压，尖峰电压可以干扰弱电信号，当频率很高时，还可以向外发射电磁波，引起电磁兼容性问题。

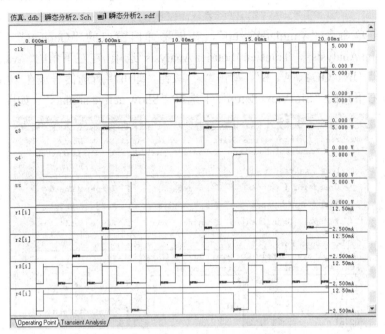

图 16-29　瞬态分析结果

练习十二　瞬态分析(四)

实训内容

如图 16-30 所示为整流稳压电路，使用瞬态分析，观察输入(IN)、输出(OUT)及整流器输入(A)、输出(B)电压的波形。图中交流电源的有效值电压设置为"120 V"，频率设置为"50 Hz"。

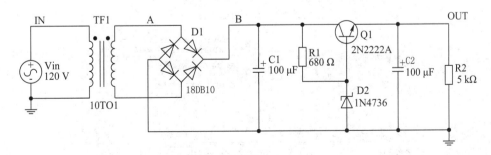

图 16-30　整流稳压电源

操作提示

(1) 用仿真库"Sim.ddb"中的元件绘制原理图。双击交流电源 V1 进行属性设置，在属性设置对话框中选择"Part Fields"，在"Amplitude"中设置电压幅值为"170 V"，"Frequency"为"50 Hz"。

(2) 执行菜单命令"Simulate\Setup"，在屏幕弹出窗口的"General"页面下，选中"Operating Point Analysis"、"Transient\Fourier Analysis"选项，在左下角的"Available Signals"选项框中，选择"IN、OUT、A、B"，单击">"按钮，即可将所选信号放在"Active Signals"选项框中。在右下角的"SimView Setup"下选择"Show active signals"，如图 16-31 所示。

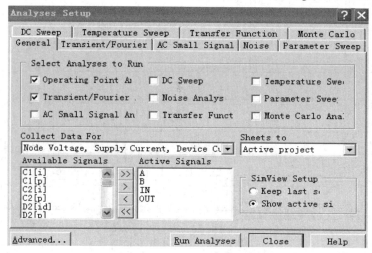

图 16-31　仿真设置对话框

(3) 设置瞬态分析。在"Transient\Fourier"页面中选中"Transient Analysis"选项，设置"Start Time"为"0.000"，"Stop Time"为"100.0 m"，"Step Time"为"100.0 u"，"Maximum Step"为"100.0 u"；在右下角设置"Cycles Displayed"为"5"，"Points Per Cycle"为"50"，如图 16-32 所示。

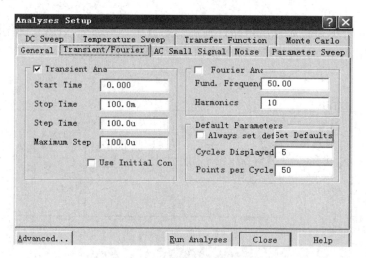

图 16-32　瞬态分析参数设置对话框

(4) 单击"Run Analyses"按钮,开始分析。分析结果如图 16-33 所示。

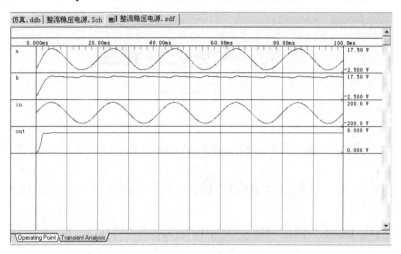

图 16-33 分析结果

附录　常见元件封装

1. 电阻类、无极性双端元件：AXIAL0.3～AXIAL1.0，其中 0.3～1.0 指元件的长度，一般用 AXIAL0.4。

2. 无极性电容(瓷片电容)：RAD0.1～RAD0.4，其中 0.1～0.4 指电容大小，一般用 RAD0.1。

3. 电解电容：ELECTR01；RB.1/.2～RB.5/1.0，其中 .1/.2～.5/1.0 指电容大小(一般 < 100 μF 用 RB.1/.2，100 μF～470 μF 用 RB.2/.4，> 470 μF 用 RB.3/.6)。

4. 电位器：POT1、POT2；VR-1～VR-5。

5. 二极管：封装属性为 DIODE0.4～DIODE0.7，其中 0.4～0.7 指二极管长短(一般小功率用 DIODE 0.4，大功率用 DIODE 0.7)。

6. 发光二极管：RB.1/.2。

7. 三极管、场效应管：常见的封装属性为 TO-18(普通三极管)、TO-22(大功率三极管)、TO-3(大功率达林顿管)、TO-66、TO-5、TO-92A、TO-92B、TO-46、TO-52。

8. 电源稳压块 78 和 79 系列：TO-126H 和 TO-126 V。

9. 整流桥：BRIDGE1、BRIDGE2，封装属性为 D-44、D-37、D-46。

10. 集成块：DIP8～DIP40，其中 8～40 指管脚数。

11. 单排多针插座 CONXX、SIPXX(XX 为插针数量) 。

12. 贴片类：

　　电阻：0201 1/20 W，0402 1/16 W，0603 1/10 W，0805 1/8 W，1206 1/4 W

　　电容、电阻外形尺寸与封装的对应关系：

　　$0402 = 1.0 \times 0.5$，$0603 = 1.6 \times 0.8$，$0805 = 2.0 \times 1.2$，$1206 = 3.2 \times 1.6$

　　$1210 = 3.2 \times 2.5$，$1812 = 4.5 \times 3.2$，$2225 = 5.6 \times 6.5$。

13. 石英晶体振荡器：XTAL1。

参 考 文 献

[1]   及力. Protel 99 SE 原理图与 PCB 设计教程[M]. 北京：电子工业出版社，2004

[2]   http://www.zjzyw.com/Soft/ShowSoft.asp?SoftID=141

[3]   http://www.epcb.net/dispbbs.asp?boardID=11&ID=3893&page=1

[4]   吉雷. Protel 99 从入门到精通[M]. 西安：西安电子科技大学出版社，2000

[5]   黄继昌. 实用报警电路[M]. 北京：人民邮电出版社，2005

[6]   陈有卿. 新颖电子灯光控制器[M]. 2 版. 北京：机械工业出版社，2004

[7]   郭天祥. 51 单片机 C 语言教程：入门、提高、开发、拓展全攻略[M]. 北京：电子工业
      出版社，2009

[8]   陈明荧. 8051 单片机课程设计实训教材[M]. 北京：清华大学出版社，2004

[9]   全新使用电路集萃丛书编辑委员会. 灯光控制应用电路[M]. 北京：机械工业出版社，
      2005

[10]   刘福太. 绿版电子电路 498 例[M]. 北京：科学出版社，2007

[11]   刘福太. 红版电子电路 461 例[M]. 北京：科学出版社，2007

[12]   黄永定. 家用电器基础与维修技术[M]. 3 版.北京：机械工业出版社，2012

[13]   李文方. 单片机原理与应用[M]. 哈尔滨：哈尔滨工业大学出版社，2010

[14]   宋双杰. 电子线路 CAD 技术[M]. 西安：西安电子科技大学出版社，2009